泥岩研究基础

[美] Remus Lazar 著

吝 文　张介辉　刘德勋　等译

石油工业出版社

内 容 提 要

本书通过对古生代到现今数百个样品的物理、生物和化学特征展示了泥岩的基本特征，介绍了通过泥岩结构、层理、组成及颗粒成因变化对泥岩的综合命名方法，结合最新研究成果、岩相和实验室观测结果，分析了不同尺度泥岩的非均质性，阐述了泥岩研究中面临的挑战，对提高对泥岩的研究水平并增强对泥岩的了解有重要参考价值。

本书可供从事地质工作的科研人员及相关院校师生参考阅读。

图书在版编目（CIP）数据

泥岩研究基础 /（美）莱姆斯·拉扎尔 (Remus Lazar) 著；吝文等译. —北京：石油工业出版社，2022.10

书名原文：Mudstone Primer：Lithofacies variations, diagnostic criteria, and sedimentologic stratigraphic implication at lamina to bedset scale

ISBN 978-7-5183-3745-3

Ⅰ.①泥… Ⅱ.①莱… ②吝… Ⅲ.①泥岩-研究 Ⅳ.①P588.21

中国版本图书馆 CIP 数据核字（2019）第 282658 号

Mudstone Primer: Lithofacies Variations, Diagnostic Criteria, and Sedimentologic – Stratigraphic Implications at Lamina to Bedset Scales
ISBN 978-1-56576-339-5
by O. Remus Lazar, Kevin M. Bohacs, Juergen Schieber, Joe H. S. Macquaker, and Timothy M. Demko© 2015 by SEPM (Society for Sedimentary Geology)

This Chinese edition of *Mudstone Primer: Lithofacies Variations, Diagnostic Criteria, and Sedimentologic-Stratigraphic Implications at Lamina to Bedset Scalesr* is published by arrangement with SEPM (Society for Sedimentary Geology).

本书经 SEPM (Society for Sedimentary Geology) 授权出版，简体中文版权由石油工业出版社有限公司所有，侵权必究。

北京市版权局著作权合同登记号：01-2022-6686

出版发行：石油工业出版社有限公司
　　　　　（北京安定门外安华里 2 区 1 号楼　100011）
　　　网　　址：www.petropub.com.cn
　　　编辑部：（010）64523707
　　　图书营销中心：（010）64523633
经　　销：全国新华书店
印　　刷：北京中石油彩色印刷有限责任公司

2022 年 10 月第 1 版　2022 年 10 月第 1 次印刷
787×1092 毫米　开本：1/16　印张：9
字数：224 千字

定价：100.00 元
（如出现印装质量问题，我社图书营销中心负责调换）
版权所有，翻印必究

《泥岩研究基础》
翻译人员

赵　群　王高成　武　瑾　芮　昀　蒋立伟
史建勋　蔚远江　孙莎莎　张　琴　邹　辰
梅　珏　邹春梅

前　言

地表超过 2/3 的沉积记录由粒径小于 62.5μm 的岩石组成（Picard，1971；Wedepohl，1971；Stow，1981；Blatt，1982）。这些细粒沉积岩是碳氢化合物的烃源岩、储层和封闭层，并影响着地下水的流动，其中可以富含金属。长期以来，这些岩石一直被开采，作为探索全球碳、氧、硫、硅循环以及相关古气候和古海洋的线索。

过去 30 年来，对岩心、岩石露头和薄片尺度下中古生代到新生代的各种细粒沉积岩序列的检测表明，这些沉积岩是通过一系列沉积过程形成的在多尺度上呈非均质性的岩石（Schieber，1989、1999、2011；Bohacs，1990、1998；Macquaker, Gawthorpe，1993；Macquaker, Howell，1999；Schieber 等，2000、2010a、2010b；Schieber, Lazar，2004；Bohacs 等，2005、2011、2014；Lazar, Schieber，2006；Lazar，2007；Macquaker 等，2007、2010a、2010b、2014；Taylor, Macquaker，2014）。最近钻井完井技术的发展已经打开了细粒沉积岩中存在大量碳氢化合物储量的大门，并激发了人们对细粒沉积岩的沉积学、地层学和成岩作用的研究兴趣。在这一兴趣的驱使下，许多研究聚焦这些细粒岩石的特征，它们被越来越多地描述为非均质性岩石。我们认为，细粒沉积岩中存在的一系列明显的非均质性并没有完全成为沉积地质学家的"主流"认识。在综合性的刊物上也只有个别人尝试去阐述亚毫米—毫米级细粒沉积岩的变化（O'Brien, Slatt，1990）。本书是为了让读者熟悉这种多变性，以便于帮助他们更好地描述和解释泥岩。为了实现这个目标，本书首先给出了"泥岩"这一重要术语的定义和命名方案（第1章）。在此基础上，提出了研究泥岩薄片的一些实际步骤（第2章）。泥岩中一些常见的物理、生物和化学特征的典型实例和15个图的认证标准（第3章），这些图是从纹层到层理尺度阐述泥岩异质性的快速而丰富的资源。之后的三个案例研究提供了基于泥岩纹层和层理的详细检测做出的实例观察和解释（第11章）。另外，一系列有助于一致、可重复、有效的描述和识别薄片、岩心及露头中泥岩的可变性指南本书也有介绍。

本书囊括了上百个从古生代到新近系的具物理、生物和化学特征的实例，用以说明泥岩从纹层到层理尺度上的非均质性特征。样品来源于富有机质和贫有机质、储层和非储层的细粒沉积岩。本书没有提供关于泥岩地层的全部沉积特征，也并不旨在提供关于观察到的多变性的详尽讨论。此外，需要指出的是，虽然对泥岩的认识迅速发展，但同时也存在挑战，当前所有的理解都非最终答案。希望本书能够对将来的研究工作提供一些实例并有所裨益。

目 录

第1章 泥岩的命名和描述规则 ································· (1)
  1.1 结构（粒度） ··· (1)
  1.2 层理 ··· (4)
  1.3 组成 ··· (6)
  1.4 小结 ··· (9)

第2章 泥岩薄片研究的工作流程 ······························· (10)

第3章 泥岩沉积特征 ··· (13)
  3.1 流水波痕 ··· (13)
  3.2 浪成波痕 ··· (16)
  3.3 粒序层理 ··· (18)
  3.4 平行层理和薄层泥岩 ··································· (19)
  3.5 波浪加强沉积重力流层—风暴层—浊流层 ········ (20)
  3.6 滞留沉积 ··· (22)
  3.7 复粒 ··· (23)
  3.8 碎屑 ··· (24)
  3.9 生物扰动作用指数（BI） ······························· (25)
  3.10 遗迹化石 ··· (27)
  3.11 微生物垫 ··· (30)
  3.12 微体化石 ··· (31)
  3.13 矿物成分 ··· (33)
  3.14 成岩作用特征 ·· (34)
  3.15 泥岩中常见孔隙和离子研究伪影 ···················· (35)

第4章 泥岩露头观察及岩心描述 ······························· (39)
  4.1 泥岩露头描述综合流程 ································· (39)
  4.2 泥岩岩心描述综合流程 ································· (45)
  4.3 泥岩岩心描述记录表格 ································· (50)
  4.4 取样 ··· (52)
  4.5 薄片中泥岩关键性质模板 ······························ (53)
  4.6 交代作用、胶结物和结核分析 ························ (58)
  4.7 海相泥岩沉积 ·· (62)

4.8 泥岩层序地层学 ……………………………………………………………………（65）
第 5 章 实例研究 ……………………………………………………………………（70）
5.1 沉积微相综合分析：纽约上泥盆统 Sonyea 群从陆相到海相泥岩变化 …………（70）
5.2 上泥盆统 New Albany 页岩薄片观察 ………………………………………………（87）
5.3 Kimmeridge 泥岩相分析：泥岩非均质性研究及其意义 …………………………（95）
第 6 章 结论 …………………………………………………………………………（116）
参考文献 ………………………………………………………………………………（117）

第1章 泥岩的命名和描述规则

细粒沉积岩被分为不同的类型：页岩、黑页岩、黏土岩、泥质岩、泥岩、粉砂岩、粉砂质泥岩、泥质粉砂岩、石灰岩、高岭石、硅藻岩等。这些术语的使用存在明显的混乱和变化（细粒岩石不同术语定义和分类的详细讨论及对比见文献 Ingram，1953；Shepard，1954；Folk，1965、1968；Tourtelot，1960；Picard，1971；Pettijohn 等，1973；Blatt 等，1980；Lundegard，Samuels，1980；Potter 等，1980、2005；Spears，1980；Stow，1981；Stow，Piper，1984；Flemming，2000；Macquaker，Adams，2003；Lazar 等，2010、2015；Milliken，2014）。本章提供了最近由 Lazar 等（2015）提出的命名方案的概述，用来在毫米到米尺度下描述和认识细粒岩石内在的不均一性。Lazar 等（2015）讨论了一些术语的常见误解，例如页岩、黏土岩和裂理。页岩被广泛用作所有细粒沉积岩的类名。它也被在野外描述中用作描述易剥裂的细粒沉积岩。在某些情况下，裂理被错误地与叠层结构交替使用。然而，裂理是风化作用的副产品而非岩石的独有属性。例如，一片新鲜的没有裂理的细粒岩石（不论来自露头还是岩心）经过短时间的风化作用可以形成明显的裂理，进而被称之为"页岩"。页岩也被认为是黏土岩，而黏土岩以细粒岩石中富含黏土矿物或者以黏土粒级为主要特征。最近几年，页岩气（油）的研究者越来越多的争论所研究的细粒沉积岩并不是"页岩"。看起来像页岩这样在文献中根深蒂固的术语应该继续作为所有类型的细粒沉积岩的类名被使用，但我们更倾向于使用"页岩"这个术语来指一种对细粒、硬化的易裂的沉积岩。我们还是建议使用"泥岩"这种类似于砂岩和石灰岩等其他沉积岩中用于描述"石头"的术语，作为所有细粒沉积岩的通用名称（Macquaker，Adams，2003；Potter 等，2005；Lazar 等，2010、2015）。遵循 Lazar 等（2015）的命名规则，建议用基于泥岩结构（粒度）的根术语进行命名，然后用描述层理、组成和颗粒来源的术语加以修正（Lazar 等，2010、2015）。根据生物扰动程度、化石种类和数量、物理沉积结构、成岩成分和颜色等属性可进一步修改全称。

我们认为 Lazar 等（2010、2015）提出的命名方法有利于对关键岩石属性进行一致、可重复和高效的描述，并确保捕捉泥岩中观察到非均质性的范围。这反过来有利于对不同泥岩序列的对比，也为解释控制这些岩石形成的各种沉积过程和成岩变化提供了坚实的基础。最终，这种方法有可能为研究过去地球系统提供新的洞见，并能帮助地球科学家们描述和预测作为自然资源来源、储藏和封存功能的泥岩质量和分布。

1.1 结构（粒度）

结构分析（粒度、形状、单个颗粒的方向和整体分选）有助于研究沉积物源、水柱压力水平和岩石性质（如孔隙度和渗透率）。颗粒可以是单一的，也可以是混合的（如絮凝物、球粒或内碎屑）。粒度是细粒沉积岩分类的常用属性（Trefethen，1950；Ingram，1953；Shepard，1954；Folk，1965、1968；Tourtelot，1960；Picard，1971；Pettijohn 等，1973；

Blatt 等，1980；Lundegard，Samuels，1980；Potter 等，1980、2005；Spears，1980；Stow，1981；Flemming，2000；Macquaker，Adams，2003；Lazar 等，2010，2015）。

在碎屑沉积岩的三元全谱图中，细粒岩石可以用砂、粗泥和细泥所占的百分比来作为端元表示（图 1.1；Folk，1965、1968；Picard，1971；Macquaker，Adams，2003；Stow，2005；Lazar 等，2010、2015）。我们在三元图中定义了以下粒度界限：小于 8 μm 为细泥（黏土和极细粉砂），8~32 μm 为中等泥（细砂和中粉砂），32~62.5 μm 为粗泥（粗粉砂），62.5~2000 μm 为砂（Lazar 等，2015）。这些粒度边界：（1）最大程度延续了已公布的分类方法；（2）认识到了粉砂粒级可分选性的存在，反映了不同分散机制的作用（McCave 等，1995）；（3）结合最近水槽实验对泥的运移、沉积和侵蚀的见解，显示这些颗粒级在运移行为上有明显变化（Schieber 等，2007；Schieber，Southard，2009；Schieber，Yawar，2009；Schieber，2011）；（4）相对容易地识别手标本和薄片；（5）提供了关于粒度趋势的有用信息。另外，从提出的细泥粒度的区间范围也能看出，在实践中若不使用特殊分类方法（如激光粒度分析或絮凝沉降），很难从极细粉砂颗粒中区分黏土颗粒（4μm、2μm 或 1 μm）。在这个三元体系里，"泥岩"是一种泥粒含量大于 50% 的细粒沉积岩（图 1.1；Lazar 等，2015）。类似于砂岩粒度的划分方法，粒径小于砂粒的 1/4 的泥岩，可以进一步用"粗""中"和"细"的大小范围来区分（图 1.1；Lazar 等，2010、2015）。在这个方案中，有超过 2/3 的粗泥粒级颗粒的泥岩被称为"粗泥岩"，有超过 2/3 的细泥粒级颗粒的泥岩被称为"细泥岩"，有超过 2/3 的颗粒介于粗泥和细泥粒级间的泥岩被称为"中泥岩"（图 1.1）。泥岩中含有 25%~50% 砂质颗粒时可以进一步用"砂"粒度范围术语去修正（图 1.1）。图 1.1 说明了一种基于泥岩结构的表示方式（第 4 章），认为三元图在描述这些岩石时有局限性，因为岩石可能包含 4 种粒度区间的颗粒（一种用于显示目的的可能方法是在粗泥和细泥之间均分中泥区间）。尽管有这些限制，在三元图中绘制泥岩能够揭示其重要分类，也能对不同粒度分布的泥岩进行比较。重要的是，要尽可能准确地描述结构，以便不管使用哪种分类或显示方法，其他地质学家都能理解所观察到的信息。值得一提的是，实际上术语"泥岩"已经被地质学家广泛用作碳酸盐岩的类名。这种用法用来描述碳酸盐岩，其主要成分为泥质（定义所有粒径小于 20 μm 的组分）和占比不足 10% 的粒径大于 20 μm 的组分颗粒（Dunham，1962）。我们更倾向于使用由 Lazar 等（2015）提出的泥岩结构定义和粒度边界而非更具限制性的 Dunham 融合了结构和组分的方法。

粉砂岩和黏土岩在细粒沉积岩的文献中也被牢固确立，但正如前面讨论的黏土岩一样，它有一些不同的定义，并在过去的使用中产生了混淆。根据这些细泥、中泥和粗泥的粒度界限，并将结构和成分的意义区分开来，人们就可以用粉砂岩、泥岩和黏土岩替代粗泥岩、中泥岩和细泥岩这样的术语（Lazar 等，2015）。例如，在这种可选方案中，黏土岩是指组成中细泥质颗粒超过 2/3，粗泥质颗粒少于 1/3，砂质颗粒少于 1/4 的岩石（Lazar 等，2015）。然而，使用这些可选术语的缺点是，"泥岩"一词既可以作为所有细粒沉积岩的通称，又可作为细粒沉积岩子类的一个特定术语。

在描述岩心或露头中的细粒沉积岩时，直观地量化粒度比例是具挑战性的（Lazar 等，2015）。第 4 章提供了一种实用的、可替代的方法，即"划痕测试"法，去确定手标本中占主导地位的颗粒大小。如果可能的话，可以在薄片上进行更加精确和准确的粒度评估。对薄片的观察对于标定划痕试验很有用，它能鉴别混合颗粒的存在（如絮状物、球状和内碎屑），并有利于评估胶结作用、溶解作用和生物扰动对颗粒大小和类型（简单或混合）的影响。这些信息对于解释来源和底能级及随后的成岩变形至关重要。然而对岩心和露头中泥岩原始颗粒大小的量化和解译仍具难度，因为成岩颗粒在沉积后通常被物理破坏、生物活动和成岩过程改变。

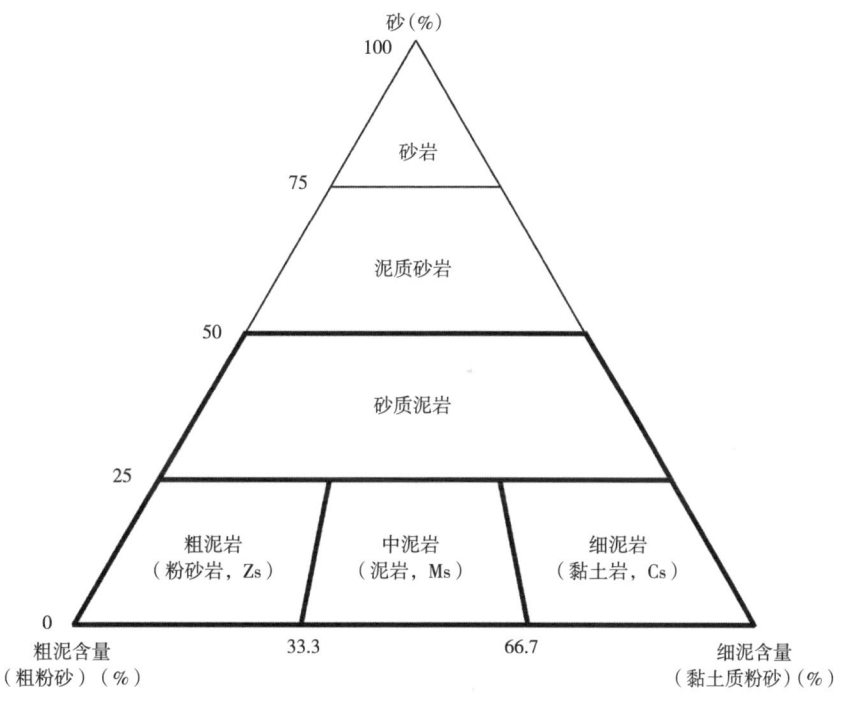

图1.1 细粒沉积岩的命名指南：结构（粒度）（据Lazar等，2015）

混合颗粒在泥岩中很常见，包括絮状物、球粒、有机矿物团聚体和内碎屑（Lazar等，2015）。近来对泥质（黏土和粉砂级大小）的运移和沉积的研究发现大部分泥质[以粉砂或粒度更大的混合颗粒（絮状物）]是以推移和悬移的方式运移的（Schieber等，2007；Schieber, Southard, 2009；Schieber, Yawar, 2009）。更复杂的是，混合颗粒也可以通过侵蚀已固结的泥质或岩化的泥岩（内碎屑）或通过海洋雪的聚集（有机矿物团聚体）形成（图3.9；Macquaker等，2010a；Schieber等，2010a；Plint等，2012）。例如，对露头和现代沉积物的观察结合水槽实验也表明侵蚀作用可以形成毫米到厘米级的内碎屑（图3.10）。内碎屑的形成是因为泥质在沉积后由于生物化学过程被短时间内迅速（数小时到数天）稳定，这增加了沉积物的黏合力，最大程度上减少了单个组成颗粒被再次带走的概率。

聚集作用在泥质运移过程中的所有作用尚未得到充分认识，主要有两个原因。首先，"页岩"的粒度测定通常通过粉碎样品然后利用筛分或粒度分析仪技术对岩石结构进行分析。这不可避免地会改变原始颗粒的大小，进而影响对沉积流体动力特性的解释（Lazar等，2015）；其次，正如下面所讨论的，现在的颗粒大小能反映物理、生物和化学变化作用的叠加效果，这些作用掩盖了原始沉积颗粒的信息（Lazar等，2015）。例如，高含水量颗粒的压实作用能改变原始颗粒的轮廓。生物扰动既可以毁坏也可以形成沉积结构，例如，颗粒的轮廓可能被毁坏或发生原位球粒化作用（图3.10）。成岩作用可能进一步改变粒径大小的分布，特别是在胶结物成核点与沉积物积累的间断相结合时。早期的成岩作用，特别是像石英、碳酸盐岩、高岭土和黄铁矿这样的胶结物在成核点的沉淀，它们在基底上要么分散，要么局部聚集，可能导致粒径的增加或者新物质的产生（Macquaker，Taylor，1996；Schieber，1996；Schieber 等，2000；Schieber，Baird，2001）。相反，某些颗粒（如硅酸盐矿物）的溶解可能导致粒径的减小（Milliken，1992；Schieber，1996）。许多泥质组分（如碎屑黏土矿物）对于成岩作用非常敏感，因为它们的化学性质不稳定而且具有高比表面积。在被埋藏之前，它们受到孔隙水组成和温压条件的影响，这与它们最初形成时的环境大相径庭。这就意味着成岩过程不同程度叠加了沉积矿物学的问题（Hower 等，1976；Curtis，1977；Aplin，Macquaker，2010；Macquaker 等，2014）。最后所得到的胶结物晶体很小（<2μm），很难从水动力学分选的颗粒中明确地区分出来。自形晶、胶结带和胶结物填充溶解的孔隙或颗粒内的孔隙的出现有利于区分胶结物晶体和水动力学分选的颗粒（Milliken，Day-Stirrat，2013；Taylor，Macquaker，2014）。这些观察结果说明很难将现在的颗粒粒径与沉积环境联系起来，特别是黏土颗粒。然而，即使叠加作用是普遍存在的，更稳定的成分（如石英颗粒）仍然能在手标本和薄片中被识别出来，同时对粒径的估计能够将岩石对应于三元相图上的特定位置（图 1.1；Lazar 等，2015）。

1.2　层理

层理是沉积岩的一个关键特征，它记录了一些变化：（1）沉积物的输入和积累；（2）底栖生物能量；（3）生物对沉积物破坏的影响（Lazar 等，2015）。这里的层理包括纹层、层系和层。层理由两组基本属性来描述：层边界面的几何结构和形状，以及层边界之间纹层的连续性、形状和几何结构。这些层理属性通常通过对泥岩岩心或者手标本新鲜表面的仔细观察和对薄片的数字扫描显示出来（Macquaker，Taylor，1996；Macquaker 等，1998；Schieber，1999；Könitzer 等，2014；Lazar 等，2015）。纹层、层系和层的主要属性如图 1.2 所示。

遵循 Campbell 的用法（1967），纹层是肉眼可见的最小层（通常以毫米计厚度），在沉积序列中没有内层结构。它由侵蚀和非沉积形成的纹层表面为顶底面。纹层在成分和结构上是相对均匀的。一个纹层比起封闭层（数厘米的波纹和几十米的深海沉积）来说有较小的横向延伸。纹层的连续性、形状和几何结构是描述纹层的三个重要属性（图 1.2）。由于纹层相对较小的横向延伸，它们可以是连续的或间断的、平面的、弯曲的（单次变化）或波状的（多次变化）、平行的（纹层不相交）或非平行的（纹层间相交）。这些纹层属性的描述和获取对于识别诸如水平、波纹和交错层理的原生沉积构造至关重要，对于识别具古沉积环境指示意义的造穴及再造作用这样的二次破坏也同样重要。

纹层被解释为形成时间短于围岩地层，通常在几秒或一年甚至更长时间，在"地质时间的瞬间"内形成（Campbell，1967）。纹层通常形成于控制过程的速率下单一流向或单一沉积过程中的小规模波动条件下（如边界层在水流、波振荡流、浮游生物或底栖生物的季节性增长和稀薄的深海悬浮物及风的沉积作用下形成和发展）。

层系是一个相对整一的地层层序，它由成因相关的纹层组成，并以层系界面为界（Campbell，1967）。通常来说，层系由一组纹层组成，它们在地层中具有类似的几何结构、构造和组成。在泥岩中，层系的厚度范围可从毫米到厘米。层系的横向延展小于封闭地层，从几厘米的波痕到 100m 的浊积层不等。流水波痕和浪成波痕层系通常出现在细粒沉积岩中。其他层系的常见类型与浊积层相关（鲍马序列 a，b，c，d，e）。层系的形成时间较封闭层短。

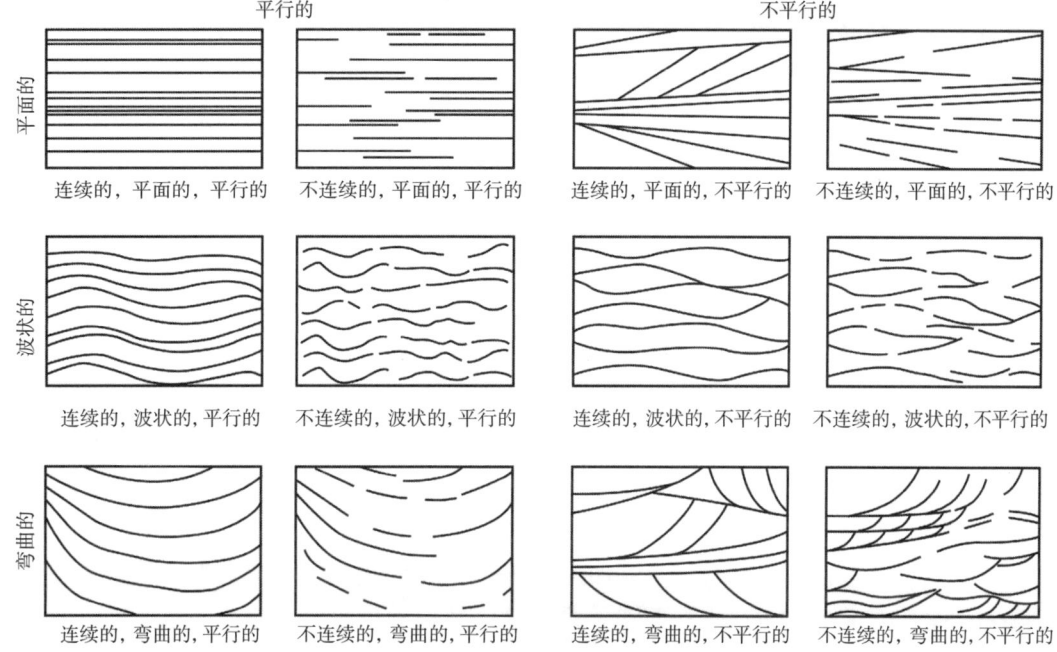

图 1.2 纹层连续性、形状和几何结构的描述性术语
这些术语适用于所有的层理，如纹层、纹层组、层、层组

层是一个相对整一的地层层序，由成因相关的纹层或层系组成，并以侵蚀面、非沉积面或相对整合的面为层界面顶、底边界（Campbell，1967）。在细粒沉积岩中，地层通常很薄，厚度在毫米到几十厘米之间，没有最小和最大绝对厚度。地层横向延伸能够达到数米到数千米。相邻的层岩相和组成不一定不同，一个层可以含有一种或多种岩石类型。层的识别取决于相邻层之间边界面的识别。层界面没有厚度，但是它们的横向延展范围与其分界的地层相同。层界面可以是平面的、弯曲的或波浪状的，并且可以通过地层的终止端（界面下方的消截或界面上的上超和下超）及上下地层生物群和岩相的变化识别出来。然而，并不是所有的层都显示内部沉积特征。这种情况可能是由于沉积层缺乏内部分层或由于穴居生物造成的沉积层均质化。当一个地层的结构和组成在很小范围内变化时，其内部分层很难区分，可以使用"同质外观"等修饰词来描述这些地层。

在层序地层学领域，层是组成更大尺度地层的单位，例如层组和准层序。它们被解释为记录一个单一的沉积幕或事件，形成于"数分钟到数年"或形成于"地质时间中许多瞬间"的更长的时间跨度（Campbell，1967；表 1.1）。

区分非常薄的地层中的纹层对于辨别沉积物的累积是连续的还是幕式的非常重要（Lazar 等，2015）。"平行叠层状泥岩"指示在单一沉积事件下沉积物的连续堆积，而"平行层状泥岩"意味着在相似的沉积事件重复发生过程中沉积物的间断堆积（Lazar 等，2015）。叠层结构通常被解释为指示了在相对静止且几乎缺氧的底层水沉积条件下悬浮沉降为主导的沉积物的连续沉积（Tyson 等，1979；Demaison，Moore，1980；Schlanger 等，1987）。然而，野外和岩心的观察（Macquaker，Gawthorpe，1993；Schieber，1994a，1994b，1998a，1998b，1999；Bohacs，Lazar，2010a，2010b；Macquaker 等，2010a，2010b；Schieber 等，2010b）结合最近的实验数据（Schieber 等，2007；Schieber，Southard，2009；Schieber，

2011a）表明，那些被许多人描述的"叠层泥岩"并不是由悬浮物质的连续沉积形成的。相反，它通常是由底移质或浓密悬浮液（图3.1、图3.2、图3.4）在间歇性高能条件，最多是间歇性缺氧条件下横向运移的不连续沉积物堆积的产物。在这种情况下，以前所描述的纹层，实际上是非常薄的层。泥岩地层中的层通常厚1~4mm，且由成因相关的纹层组成。层界面可以根据地层的尖灭、延续或生物群落和生物潜穴及岩相变化来识别（Campbell，1967；Lazar等，2015）。这些属性可能是由于水流条件的变化和沉积间断造成的，从而通过水流或者波浪活动形成生物群落或沉积再造。

1.3 组成

泥岩的组成变化很大（Blatt等，1980；O'Brian，Slatt，1990；Potter等，2005；Milliken，2014；Lazar等，2015），它受到物理、化学、生物过程的相互影响，这些过程在泥质沉积过程中和沉积完成之后进行。运移到盆地的物质通常由风化产物组成，包括黏土矿物、耐磨的细粒石英、长石和重矿物（如金红石、锆石）及高等植物碎屑。这些由盆地中的原生产物所产生的添加物质，包括有机质（如藻类、细菌和古细菌），以及石灰质、硅质和生物体磷酸盐外壳的矿化骨骼部分。一旦被掩埋，这些细粒物质的混合物会经历生物化学变化（矿物的溶解和自生）和压实作用。成岩作用的典型产物包括石英、碳酸盐岩（如方解石、白云岩、安柯岩和菱镁矿胶结物）、黏土（如伊利石、高岭土、绿泥石、铁铝蛇纹石）和硫化矿物（如黄铁矿、白铁矿）。火山灰可能是泥岩序列的重要组成部分。因为成岩成分受到泥质的沉积和成岩中各种过程的强烈控制，地质学家利用不同来源颗粒的成分变化区分细粒岩石（Bramlette，1946；Blatt等，1980；Isaacs，1981；Stow，1981；Williams，1982；Shipboard Scientific Party，1984；Macquaker，Adams，2003；Lazar等，2010，2015；Stow，2012；Milliken，2014）。

细粒沉积岩的成分特征可以用三元图来表示，以石英、碳酸盐（如方解石、白云石等）、黏土（如伊利石、蒙皂石等）矿物作为端元组分（图1.3；Lazar等，2010，2015）。根据我们提出的命名方法，组成的名称反映了岩石中组分含量高于50%的成分或如果没有单一组分含量超过50%时反映其中两种最常见的成分。例如，一种岩石由60%的碳酸盐矿物组成，称为钙质泥岩，而一种岩石由45%碳酸盐矿物、40%黏土矿物和15%的石英组成，则称为钙质—黏土质泥岩（图1.3）。三元组成图（图1.3）在用来反映主要成分为有机质、磷酸盐、长石或硫化物等其他成分的泥岩时，应当做修改。

某些组分形式占主导地位的泥岩具有广泛使用的术语。例如，各种硅质泥岩，包括放射虫岩、硅藻岩和硅页岩（Shipboard Scientific Party，1984）。放射虫岩由超过70%的放射虫组成，硅藻土由超过80%的硅藻类的细胞膜组成，而硅页岩中含硅50%~80%（Isaacs，1981；Williams，1982）。高岭石泥岩夹矸是一种黏土质泥岩，它主要由高岭土组成，是由泥炭沼泽中沉积的火山灰发生改变后形成的（Blatt等，1972；Potter等，2005）。白垩是一种钙质泥岩，超过80%的组分为钙质远洋颗粒，如颗石藻、有孔虫（Pettijohn，1975）。

细粒沉积岩也可以由大量的磷酸盐矿物或长石组成（Blatt等，1980；Garrison等，1987，1990；O'Brien，Slatt，1990；Milliken，1992，2004；Blatt，Tracy，1996；Follmi，1996；Land，1997；Land等，1997）。磷酸盐质细粒岩石含有原生和次生磷酸盐混合物0.2%~20%，而磷灰岩是一种细粒沉积岩，含有超过20%的磷酸盐（Blatt，Tracy，1996）。

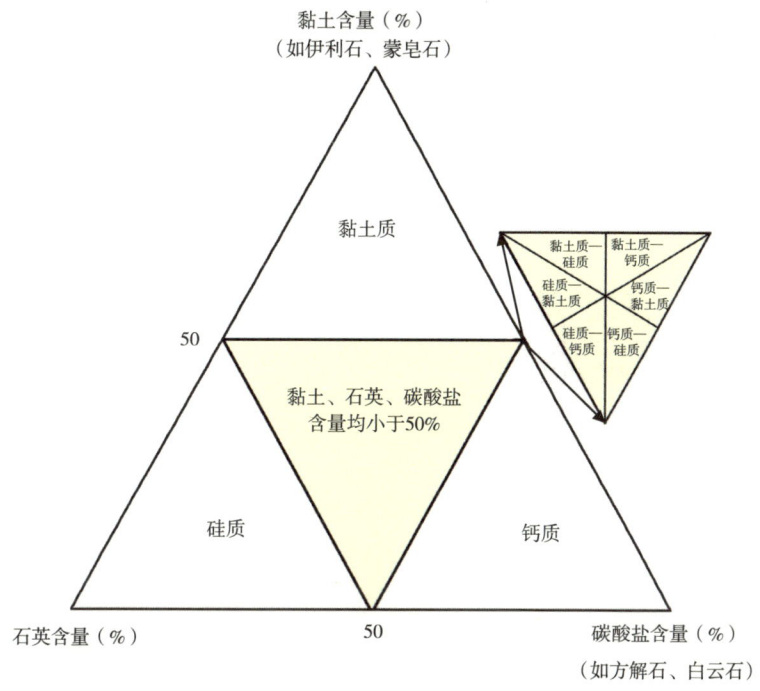

图 1.3 细粒沉积岩命名指南：组分（如钙质粗泥岩；据 Lazar 等，2015）

通过与砂岩命名方法的对比，可以用术语"长石砂岩质"一词指代长石含量在 25%以上的泥岩，用"亚长石砂岩质"指代长石含量为 5%～25%的泥岩（Lazar 等，2015）。

总有机碳（TOC）含量从大约 0 到 50%（重量百分比），浮动范围显著（Blatt 等，1980；埃克森美孚公司对从古生代到新生代细粒岩石序列中收集到的数十万样品进行了内部分析）。基于这些数据，为了认识到有机碳含量的重要性，并保持与烃源岩常用分类方法的一致性，TOC 含量在 2%～25%的泥岩被认为有机碳含量超过背景值，在这里被称为"碳质"（Lazar 等，2015）。另外，已知有机质的种类，泥岩中 TOC 含量在 25%～50%时，当其组成主要以水生藻类为主时可以称为"含干酪根的"（KeMS），当其组成以陆生植物为主时可以称为"煤质的"（coMs）。我们还提出称 TOC 含量为 50%～75%的细粒岩石为"泥质油母岩"（mKe）或"泥煤"（mCo），称 TOC 含量大于 75%的岩石为"油母岩"或"煤"（Lazar 等，2015）。如"藻类的""泥炭的"和"褐煤的"这样更加具体的术语在已知有机质类型或热成熟度的信息时可以使用（Tyson，1995；Taylor 等，1998）。

对抛光的薄片进行观察，特别是使用配备能量色散、阴极发光和背散射电子探测仪的扫描电子显微镜，对于区分颗粒和胶结物的组成非常有用（Macquaker, Gawthorpe，1993，Macquaker 等，1998，Schieber，1999，2011b；Schieber 等，2000；Schieber，Baird，2001；Schieber, Riciputi, 2004；Milliken 等，2012；Milliken，1994，2013；Milliken, Day-Stirrat，2013；Lazar 等，2015）。例如，白垩和方解石结核可能含有相似的组分，但显然是由不同过程形成的。为了阐明这一点，可能有必要对细粒岩石中所见的各种颗粒类型的来源进行具体的解释（图 1.4）。例如，白垩可能是富含颗石藻或有孔虫的钙质泥岩。相反一个方解石结核可以是钙质胶结泥岩。类似地，硅可以是碎屑石英颗粒、有机生物的外壳（如乳白色硅藻细胞膜）、胶结物（位于有机生物外壳中或基质中的石英微晶）或颗粒的交代。粗泥粒中含有55%碎屑石英的细粒岩称为碎屑硅质粗泥岩，而由55%的硅质胶结物组成的细粒岩称为硅质胶结泥岩。黏土矿物也可以出现在碎屑或成岩组分中，例如，高岭土可以是风化作用的直接产物，也可以是孔隙或化石外壳中的自生沉积。细粒岩中高岭土含量超过50%时，前者可描述为碎屑黏土质泥岩，而后者应描述为黏土质胶结泥岩。长石也可以是碎屑或成岩成分。细粒岩中含26%的碎屑长石可以被描述为碎屑长石泥岩，而细粒岩中12%的长石既有碎屑颗粒又有增生而成的则称为碎屑亚长石胶结泥岩（Lazar 等，2015）。

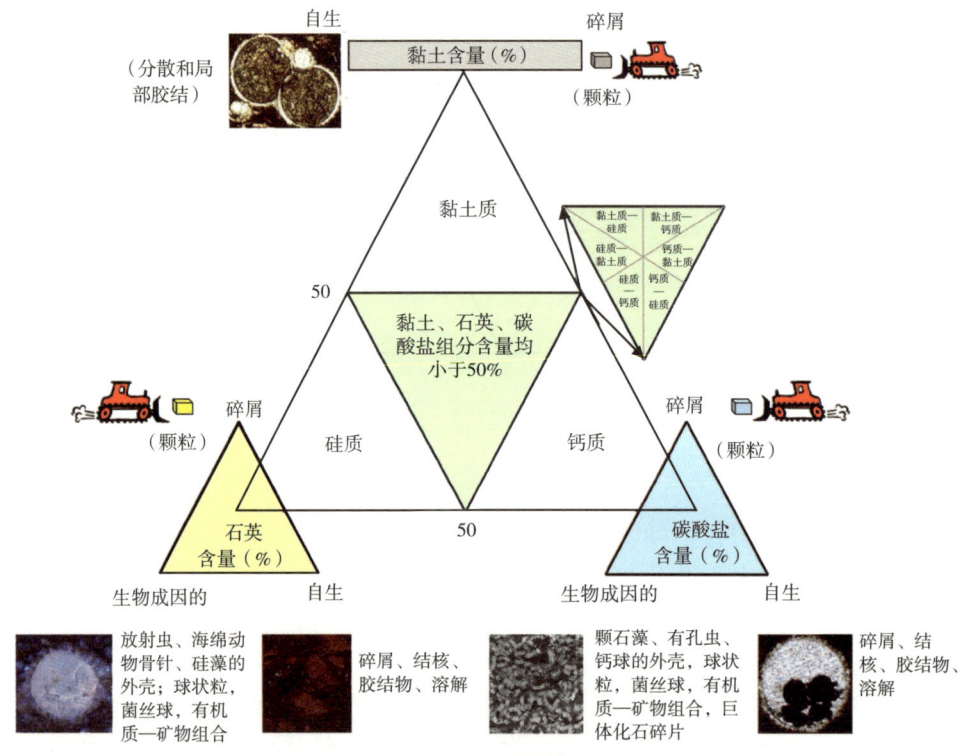

图 1.4　硅质、钙质和黏土质泥岩的组分（据 Lazar 等，2015）
OMAs—有机质—矿物组合

泥岩序列中，其成分随纹层到准层序的尺度变化而变化（Lazar 等，2015）。这种变化性反映了独特的粒径组成是在盆地不同区域的物质输入、分选过程和成岩改造下形成的。例如，犹他州东南部的 Paeadox 盆地中的中宾夕法尼亚统 Paradox 构造中的 Gothic 页岩初始 TOC 含量在同一个地层中为 1%~4%，且延伸了 3km 的距离（Guthrie，Bohacs，2009）。

泥岩的名称可以进一步定义，特别是使用一些术语，它们提供了对碎屑、生物成因、成岩形式、物源、岩石结构、层理和组成成因的见解。例如，一个中度生物扰动的、不连续的、波状不平行纹层的钙质泥岩可能含有碎屑石灰岩碎片、颗石藻的外壳、原位微生物纹层或粒间方解石胶结物，具有由于生物扰动破坏形成的不连续层理（生物扰动的程度可以用 0~5 来评估；据 Lazar 等，2010；Reinec，1963；Potter 等，1980；Droser，Bottjer，1986；Taylor，Goldring，1993；Apli，Macquaker，2010），对描述有用的其他属性还包括压裂、变形和（或）颜色的信息。

经过所有的观察，可以将一个泥岩描述为"灰色的、中度生物扰动的、不连续波状非平行纹层的、富含有孔虫和少量黄铁矿结核的钙质泥岩"。同样的岩石也可以用更简短易行的短语来指代，例如"生物扰动的钙质泥岩"。我们建议只有当所研究的泥岩序列中各种变异性都被表征后才能使用这样的短语。

1.4 小结

泥岩在许多尺度上具典型的非均质性。本章提供了一种简单的命名方法，能够以类似于研究其他沉积岩的方法获取手标本到岩石薄片中的有用信息（砂岩、碳酸盐岩）。该方法结合了先前的知识和最新的野外、实验室、地表下岩石的观察成果及见解。因此，（1）掌握了泥岩的重点属性；（2）获得了泥岩形成过程中的主要控制因素（物理、生物和化学）的可靠解释；（3）可以对远离样本控制的具有经济效益的岩石性质进行预测。

本书建议用泥岩作为整个细粒沉积岩谱系的类名。此外，还提出用基于结构（粒径）的词根术语来命名细粒沉积岩，并对层理和组分的描述进行修正。泥岩的名称可以通过增加一些属性进一步修正，这些属性包含岩石组分的构成和来源的详细信息。

正如后面的章节所述，通过结合对露头和岩心的仔细观察并补充薄片信息，泥岩的特性能够被一致地描述和记录下来。

第2章 泥岩薄片研究的工作流程

本章提供了研究泥岩的工作流程，包括从取样到准备和鉴定薄片再到观察岩心或者露头的结果及与测井和地震信息的整合（表2.1）。采取具体的步骤，以最大限度地提取出在薄片尺度范围内有关泥岩的物理、生物和化学属性（表2.2~表2.4）。

表2.1 最佳工作流程：从取样到准备和鉴定薄片再到数据的整合

步骤	操作	活动
1	详细地描述岩心和/或露头	第4章中列出了建议在检查泥岩岩心和露头时采取的步骤； 第4章中空白表格用于描述岩心（或露头）； 第4章中给出了描述岩心或露头的例子
2	取样	在所有沉积相中取出有代表性的样品鉴定岩心或露头。第4章中介绍了取样指南。用胶带和铝箔纸包好露头样品，以防止在样品运输过程中岩石破碎或者霉菌的过度发育 如果没有样本尺寸的限制，应该制作一个大的抛光薄片（76mm×48mm；约3in×2in），并进行全面的分析，如矿物学（X射线衍射）、基本组成（如总碳量，TC；总有机碳量，TOC；铝、硅、钛、钾、铁、铀、钍、钒、镍、钴、钼）、潜在的石油成熟度（岩石热解、镜质组反射率）和孔隙度—渗透率（如压汞毛细管压力）
3	制作薄片	建议制作较大的磨光薄片（76mm×48mm；约3in×2in）以更好地成像和研究复合原生地层。原生沉积单元在泥岩中通常很薄，范围从毫米到几十厘米厚。薄片的标准尺寸（48mm×26mm，约2in×1in）有可能不足以用来区分一个或者两个原生地层； 首先，薄片可以制作成30μm厚。在显微镜下快速检查之后，根据岩石的结构和组成，薄的部分可以被稀释到20μm甚至更薄，使检查的泥岩结构信息达到最大值。 制作泥岩的磨光薄片是非常耗费体力的。因为矿物成分有一个非常广泛的硬度，而且这些岩石的微孔很难注入环氧树脂。在准备薄片的过程中样品很可能被损坏，因为这些岩石通常含有相对高的水合黏土矿物。为了让样品损坏程度达到最低，黏土质泥岩在准备过程中要尽可能不暴露在有水的地方； 荧光染料环氧树脂可用于增强微裂缝的显示，但是要意识到染料会干扰阴极射线发光的响应
4	扫描薄片	在一个平台观察薄片，高分辨率的扫描仪上扫描薄片能生成高质量、低倍放大的图像，这样能够更详细地研究物理、生物和化学沉积的特性； 使用Adobe Photoshop图像处理器挑选出看起来模糊不清的特征（图像增强：色阶、亮度、对比度、色彩平衡、锐度等）； 岩心或露头的样品磨光片也可以扫描，然而，磨光片不可以用光学传输方法来研究

续表

步骤	操作	活动
5	检查薄片	在偏光显微镜下检查磨光薄片,如果条件允许,可以用扫描电子显微镜 使用一个合适的模板记录观察结果,包括结构、层理和组成等。检查薄片以确保:(1)识别、辨认复粒(如絮状物、类球粒、内碎屑)和成岩作用及生物扰动作用对晶粒大小的影响;(2)确定单个颗粒和胶结物的成分; 利用偏光显微镜携带的数码相机捕捉相关特征
6	全面的观察	在一个层序地层格架内进行薄片和岩心/露头的描述,分析数据,以及与测井和地震信息的结合,这对于研究岩石的形成和预测岩石的特征是非常关键的步骤

表 2.2 检查泥岩薄片时建议采取的步骤

1. 使用第 7 章中给出合适的模板并添加将要检查的每个薄片的扫描图片
打印整套薄片

2. 检查打印的整套薄片和通过相界定的岩石组
(1) 分配初步结构名称:粗粒、中粒或细粒泥岩(图 1.1)。
(2) 描述层理(表 2.3)毫米到厘米尺度的地层是如何被封闭起来的:
①描述纹层的连续性、形状和几何特征(图 1.2)。
②描述地层界面和捕捉地层厚度信息。泥岩的纹层是毫米到厘米厚度的(通常是 1~4mm 厚),继承性的组成与纹层和层系有关。
③描述沉积构造的物理性质(原生的、次生的)。
(3) 描述生物沉积构造:
评估生物扰动指数(BI),使用范围 0~5(表 2.4)。生物扰动的程度从没有可见的生物钻孔到当泥岩是均质的时候没有留下残余层理。生物扰动在泥岩中是很微妙的;不要期望太多的教科书式的遗迹化石,因为泥岩的基质和充填物中的成分和流变学不同,生物钻孔往往是模糊的。在泥浆压实之前,底栖生物不会钻洞而是在高水分(70%~90%)的泥质沉积物里游动,扰乱了沉积物的结构并产生了结构变形(Lobza, Schieber, 1999; Schieber, 2003)。
(4) 描述化石的类型、大小、多样性、分布、保存和埋藏。
(5) 描述化学沉积特征(如结核、结核体、岩脉)。

3. 在偏光显微镜和扫描电子显微镜下描述薄片
(1) 使用第 4 章中一个合适的模板。
　这些模板包括泥岩的关键属性,可以在对薄片进行检查时使用或修改,根据目标和时间可以用于特定项目。
①首先,再次浏览整组薄片,概述你快速观察第 2 步中的结果,触摸岩石。
②其次,决定用其中的一个模板,或者修改它。
(2) 对结构、层理、生物扰动等的初步解释(第 2 步)进行微调。
使用"地震相的方法"浏览选择的薄片组,如生物扰动指标 0、1、2、3、4 和 5 泥岩的例子,这些例子在整个泥岩薄片组中的生物扰动评估要打印和对比。
(3) 为结构名称指定一个成分的修饰词(如硅质、钙质、黏土质、碳质等;图 1.3 和图 1.4)。表 2.3 总结了泥岩的共同属性的组合。
描述有机质的类型(如非晶质、藻类、草质、木质、含煤;迁移后的液体可能有助于成熟泥岩中的有机碳成分)和分布。
(4) 描述化石体的类型、大小、多样性、分布、保存和埋藏。
(5) 描述沉积物特征的化学性质(第 4 章)。
①胶结物(方解石、白云石、硅石、黄铁矿等)。
②矿物结晶形态(如结核状、结核体、缝合状、叠锥状、纤维状、增生、石包膜等)。
(6) 描述孔隙的类型、大小和分布。

续表

4. 做出解释
（1）将薄片观察结果和岩心/露头观察与分析结果及测井和地震数据结合起来。 　　第4章建议在检查泥岩地层的岩心和露头时采取一系列步骤。 （2）进行整理。 ①主要沉积来源：碎屑岩（直接来自陆地/再沉积）、生物成因（远洋、底栖生物、陆生）、化学成因。 ②主要输入模式：推移作用、沉积重力流、悬浮沉降作用。 ③主要流体模式：单向稳定、单向不稳定、振荡。 ④物理再沉积：上/下浪基面，流体再沉积。 ⑤沉积物堆积速率：相当快、中等、慢。 ⑥沉积记录的完整性：相对连续或间歇性沉积。 ⑦水底的氧化还原反应条件： a. 含氧量：含氧、贫氧、缺氧、闭塞环境（第4章）。 b. 持续性（持续的时间）：持续不断、间歇、分散。 ⑧沉积环境（EOD；第4章）。 a. 海相：河流洪水、风暴波或潮流控制近端/中端/远端大陆架，大陆坡（上、下），洋盆区。 b. 陆相： ⅰ．湖泊相：湖平底、岸上、滨海（近端/远端）、潮下带（近端/远端）、深湖（近端/远端），不满、均衡、过满。 ⅱ．冲积相：泛滥平原、冲积堤、河槽淤积。 ⅲ．其他：风成、冰成等。

表2.3　泥岩的常见属性

结构	纹层	组成
粗泥岩	连续水平平行	硅质
中泥岩	不连续水平平行	黏土质
细泥岩	连续波纹平行	钙质
	不连续波纹平行	亚长石砂岩
	连续波纹不平行	含磷酸盐
	不连续波纹不平行	碳质
	不连续弯曲不平行	含干酪根

表2.4　生物扰动作用的分类（据Lazar等，2010，2015；Reineck，1963；Potter等，1980；Droser, Bottjer，1986；Taylor, Goldring，1993；Aplin, Macquaker，2010）

生物扰动作的指标	表述	描述
0	不具有生物扰动作用	没有明显的生物钻孔保存着所有原始的沉积构造
1	微弱的生物扰动作用	纹层连续，有一些生物钻孔
2	稀疏的生物扰动作用	纹层不连续，有许多生物钻孔
3	一般的生物扰动作用	残余纹层，常见生物钻孔，个别的生物钻孔可见
4	强烈的生物扰动作用	很少有连续性纹层，大量的生物钻孔，一些有比较明显的生物钻孔
5	扰动	没有残余层理，非常均一，很难看出有单个的生物钻孔

第 3 章 泥岩沉积特征

以下 15 个图版举例说明了在薄片尺度内观察到地从古生代到新近系一些常见沉积岩特征，富含有机质或贫有机质，储层或非储层。选取物理、生物和化学沉积特征方面的例子，包括波痕、粒序层理、波浪加强沉积重力流层、风暴层、浊积层、平行层理、滞留沉积、复粒（絮状物、有机矿物聚合物、粪球粒）、碎屑、生物扰动作用的表现、遗迹化石、微生物垫、微体化石、矿物成分、成岩作用特征（如胶结、结核、叠锥）和孔隙。

3.1 流水波痕

在圆形筛选物之间有不对称的波痕具有圆形或尖锐的波峰，形成单向波痕。俯视波峰是一个三维的，起伏不一。背水面陡峭，迎水面平缓，通常在泥岩中有 0.5~30mm 厚（图 3.1~图 3.5）。

图 3.1 现代流水波痕

图 3.2 流水波痕交错层理

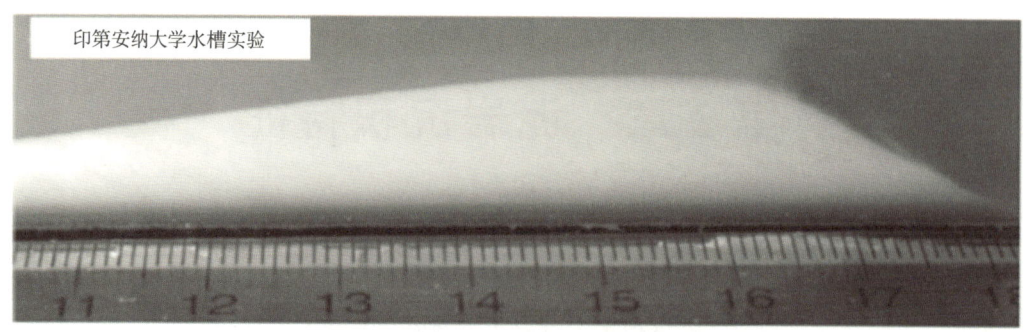

(a)波痕有一个不对称的剖面并显示出内部交叉薄片

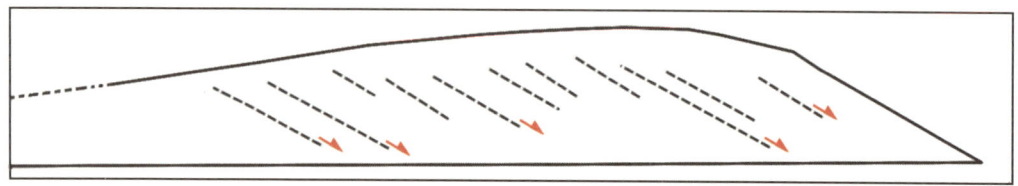

(b)表明画出内部交叉薄片中增亮强度的波痕

图 3.3　泥沙运输和沉积水槽实验结果（据 Schieber，Southard，2009；SchiebeYawar，2009）
横截面中 90% 水和 10% 物质组成的絮状物，超过 80% 的颗粒比 10μm 细；
在 5cm 有效流动深度内流速是 0.2m/s

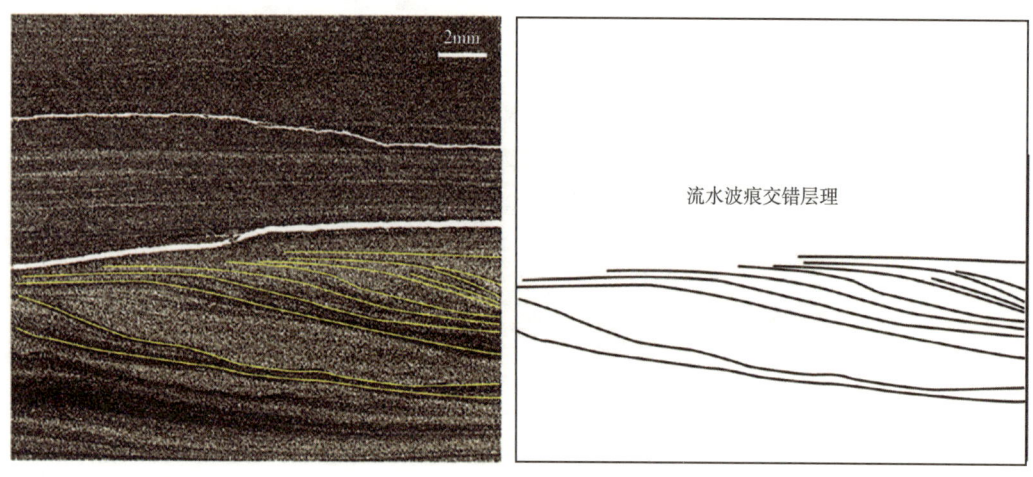

图 3.4　泥盆系流水波痕

识别标准：

顶部——不对称波峰、顶超或削截。

中部——相对高的前积层角，小于 27°。在高角度下，下超到基底冲刷面。在粗粒和细粒层之间的变化非常明显。

底部——尖锐到侵蚀，向平面弯曲，向下前积。

图 3.5 流水波痕实例

A—Gunpower 组,元古宇,澳大利亚;B—澳大利亚元古宇黑火药组;C—Sonyea/Niddlesex,泥盆系,纽约州;
D—纽约洋脊泥盆系的桑亚、米德尔塞克斯;E—新奥尔巴尼页岩,泥盆系,开曼群岛;
F—Mowry 页岩,白垩系,犹他州

3.2 浪成波痕

浪成波痕是一种通常对称的波纹，带有尖锐的、窄的、相对直的和连续的波峰（可能分叉），由震荡波搅动的水体运动形成。斜坡往往小于静止角度。通常在泥岩中有 0.05~30mm 厚（图 3.6~图 3.9）。

图 3.6 现代浪成波痕

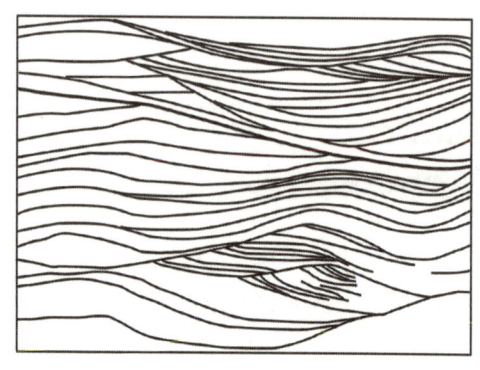

图 3.7 浪成波痕交错层理

识别标准：

顶部——相对对称的波峰可能被随后的水流截断。

中部——在所有方向的基底面上的纹层，倾向于两个方向倾斜，有些可能凸面向上。在粗粒和细粒层之间的变化非常明显，纹层倾角小于静止角。在纹层组中的纹层结构往往是不对称的，连续的纹层组往往超覆在相对对称的结构中。

底部——具有弯曲的不平行于冲刷面的痕迹。

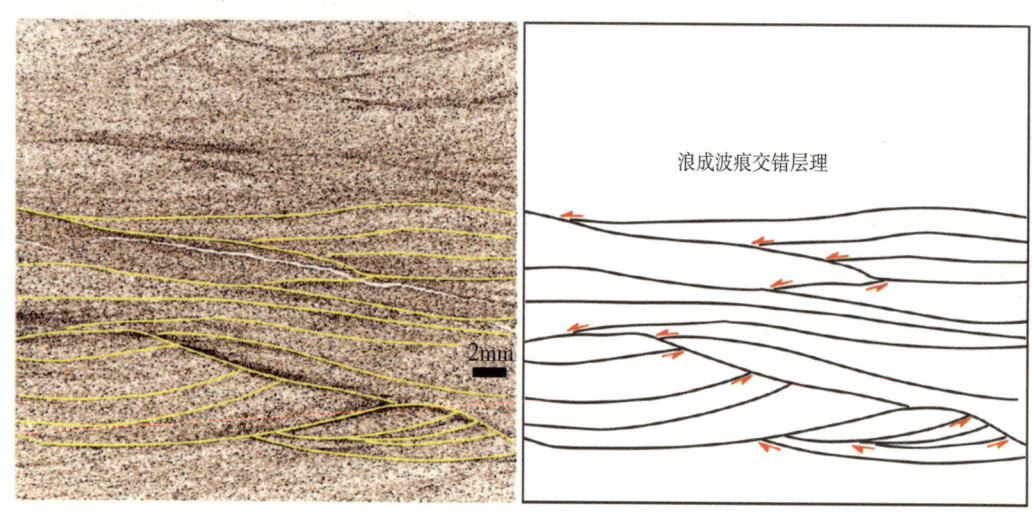

图 3.8 三叠系浪成波痕

图 3.9 浪成波痕实例
A—犹他州白垩系黑鹰组 Kenilworth 段；B—美国犹他州三叠系 Aukarch 组；
C—开曼群岛泥盆系 New Albany 页岩；D—印第安纳州泥盆系 New Albany 页岩

3.3 粒序层理

粒度大小在垂向上有明显变化的层序。正常的粒序通常是由底部到顶部粒度由粗变细。在沉积期间的浊流、风暴活动或潮间带的减弱而逐渐减少时，就可以形成粒序层理（图 3.10）。

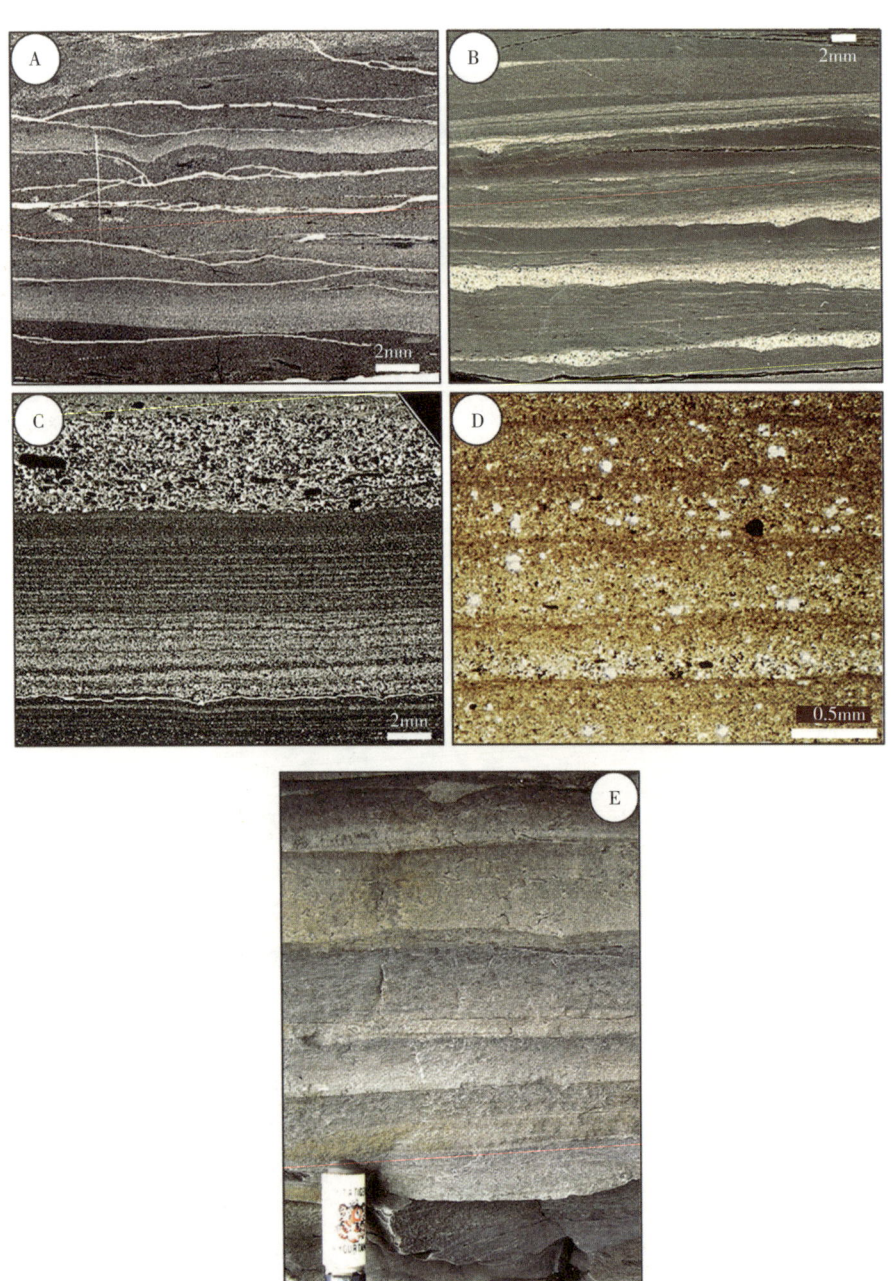

图 3.10 粒序层理

A—纽约泥盆系 Sonyea 群；B—印第安纳州寒武系 Ean Claire 组；C—澳大利亚元古 Gunpower 组；
D—哥伦比亚始新统绿河组；E—英国侏罗系层理克利夫兰铁矿石组

识别标准：
顶部——可以被下一个沉积事件进行生物扰动或截断。
中部——没有层理或可能显示水平或波状平行层理。组分随不同沉积体系而变化。
底部——尖锐的。

3.4 平行层理和薄层泥岩

从毫米纹地层来区分纹层对于辨别沉积物堆积是连续的还是事件性的至关重要。平行层理（图 3.11A、图 3.11B）的出现表明在单一沉积事件下进行连续性沉积物堆积，然而较少的波痕（图 3.11C）和薄层（图 3.11D）存在表明不连续性沉积物堆积。

层理通常被解释为在相对静止和大部分缺氧的底水沉积条件下，悬浮液在沉积物中堆积而成。然而，层状和薄层泥岩通常是由于在河床负载或密集悬浮液中横向运输中不连续沉积物积累的结果，在间歇性的能量条件下，允许生物移地发育或沉积物重新沉积。

薄层可能是复杂的沉积历史的结果（图 3.11D）：层 1 为长期泥浆固结和侵蚀；层 2 为沉积、生物扰动、固结和侵蚀（被解释为波浪增强的沉积物重力流的产物）。A—含丰富淤泥的基底层系；B—由夹层矿物和富含石英层组成的层系；C—上部的层系很细，主要是黏土大小的物质，随后有生物潜穴。

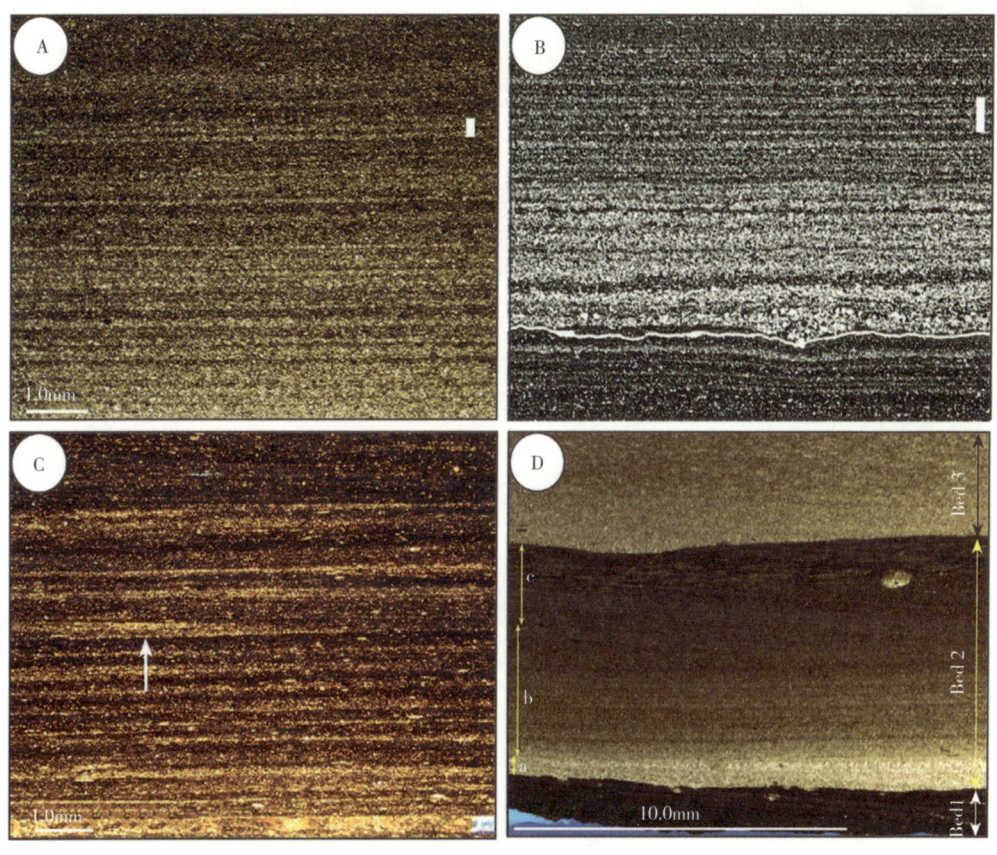

图 3.11 平行层理和薄层泥岩实例（据 Macquaker 等，2010c）
A—英国侏罗系克利夫兰铁矿石组平行纹层；B—澳大利亚元古宇 Gunpower 组平行纹层
C—犹他州白垩系 Mowry 页岩下超纹层；D—怀俄明州白垩系 Mowry 页岩薄层

提示：层理界面可以通过层状界面（下部的截断/上部的上超/底部不整合）、下部层位的生物钻孔集群出现和岩相的变化来区分。

3.5 波浪加强沉积重力流层—风暴层—浊流层

在泥岩层序中区分以下地层是很有用的（图3.12）。

波浪加强沉积重力流层（WESGW）

风暴浪能够携带大量的细粒沉积物产生更高密度的流体，从而向下倾斜。波浪产生能量使沉积物悬浮，并在斜坡作用下向海方向横向平流。主要的泥沙搬运模式由高能波浪引起的湍流侵蚀、悬浮和搬运，并逐渐减弱而沉积。

顶部：相对平缓，具有典型的虫孔。

中部：整个层的上部有三个明显间断，它是非均质的。

A 基底富含淤泥且大部分都是均质的，稍显层理。可能包含非常细粒的砂，也可能不是连续性的。有一个尖锐的、明显渐变的顶部。

C 层系富含黏土，向上有细屑。

B 层系由多个非常薄且广泛起伏的波纹（≤200μm）粉砂级黏土构成。有一个渐变的顶部。

底部：冲刷，大致弯曲，相对较低的地形和一些局部狭窄。"深"（高深宽比）切口。

风暴层：均匀粒序

风暴浪是支撑沉积物并形成沉积负载的产物。主要的沉积物搬运模式是由复合流侵蚀和牵引悬浮载荷，并从逐渐减弱的水流中形成沉积。

顶部：相对平缓，有典型的生物钻孔，有时候波浪会再作用。

中部：整层细粒向上均匀地贯穿了整个厚度。薄层在底部有很明显的弯曲，基底层组覆盖在基底并填充冲刷面，覆盖层界限往往不是很清晰并且扩散开来。

底部：冲刷弯曲成波状，局部地势相对较高，有时会通过沉积物的填充和变形增强。通常与近海末端的沟模有关。

浊流层

由洪水和崩塌等引起的偶然突发性的沉积物——重力流产物。主要沉积搬运模式从沉积——重力流演变为牵引流，再到减弱流中悬浮沉降。

顶部：相对整合，具有典型的洞穴。

中部：整个层的细粒向上有明显的阶段划分。一个完整的层包括五个纹层组。

（1）基底层系均一且顶部逐渐整合。纹层组覆盖在基底冲刷面上，有可能不连续。该层颗粒往往较粗。

（2）连续的，具有顶底一致的水平—平行层理。在个别纹层中有逆变现象。以相对粗粒为主。顶部不整合。

（3）不连续，弯曲，非平行层理（波痕）。纹层叠置在下部纹层组。以相对粗粒为主（粉砂或粗砂）。顶部整合。

（4）细粒沉积物具有连续—不连续的水平—平行的层理。披覆在下部纹层组之上。顶部整合。

（5）递复层序很差，沉积物粒级最细。

基底：冲刷，弯曲成波状，隆起到平坦，局部狭窄、深沟（凹槽、工具标记等）。

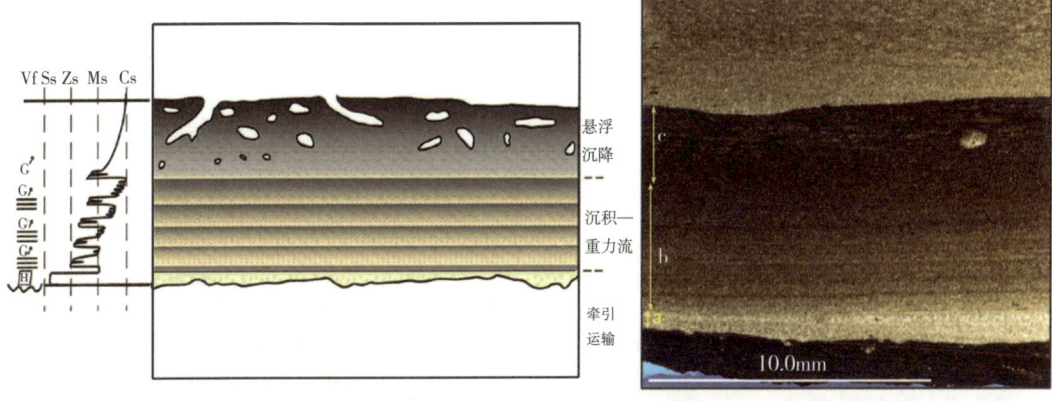

A. 波浪加强重力流层（WESGF），怀俄明州白垩系Mowry页岩

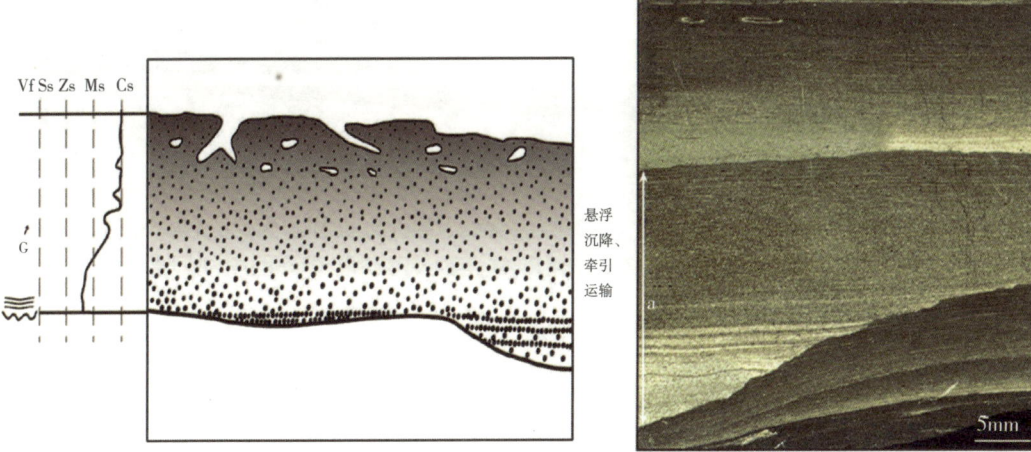

B. 风暴层，犹他州白垩系Mowry页岩

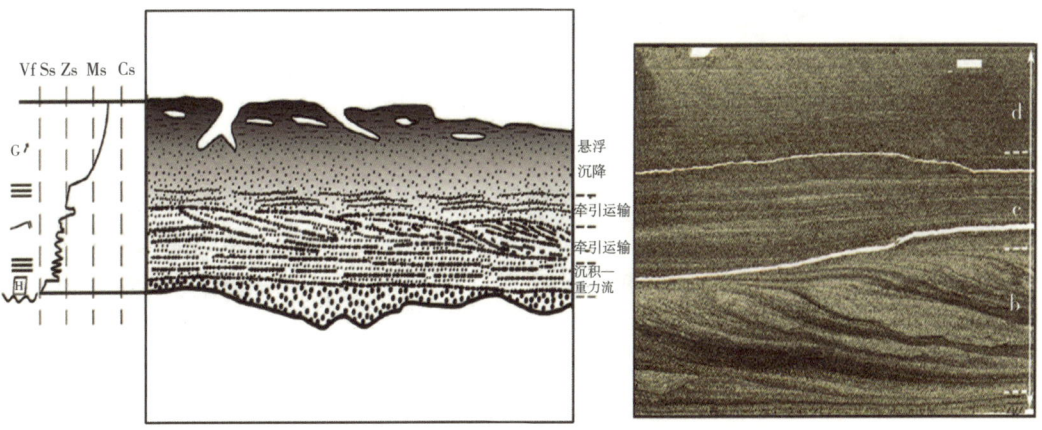

C. 浊流层，纽约州泥盆系Sonyea组

图 3.12　波浪加强沉积重力流层—风暴层—浊流层

3.6 滞留沉积

滞留沉积实例如图3.13所示。

图 3.13 滞留沉积实例（见表4.1）

A—开曼群岛泥盆系俄亥俄页岩硫化铁矿的残留物；B—德国侏罗系 Posidonia 页岩，鱼骨和贝壳的残留物；C—印第安纳州泥盆系 New Albany 页岩，富含硫化铁矿（箭头）残留物；D—肯塔基州泥盆系 New Albany 页岩、白云岩和富含贝壳（箭头1，2）的残留物；E—田纳西州泥盆系 Chattanooga 页岩，骨（b）层；F—肯塔基州泥盆系 New Albany 页岩，富含牙形石（c）、石英（q）和黄铁矿的残留物

3.7 复粒

复粒实例如图 3.14 所示。

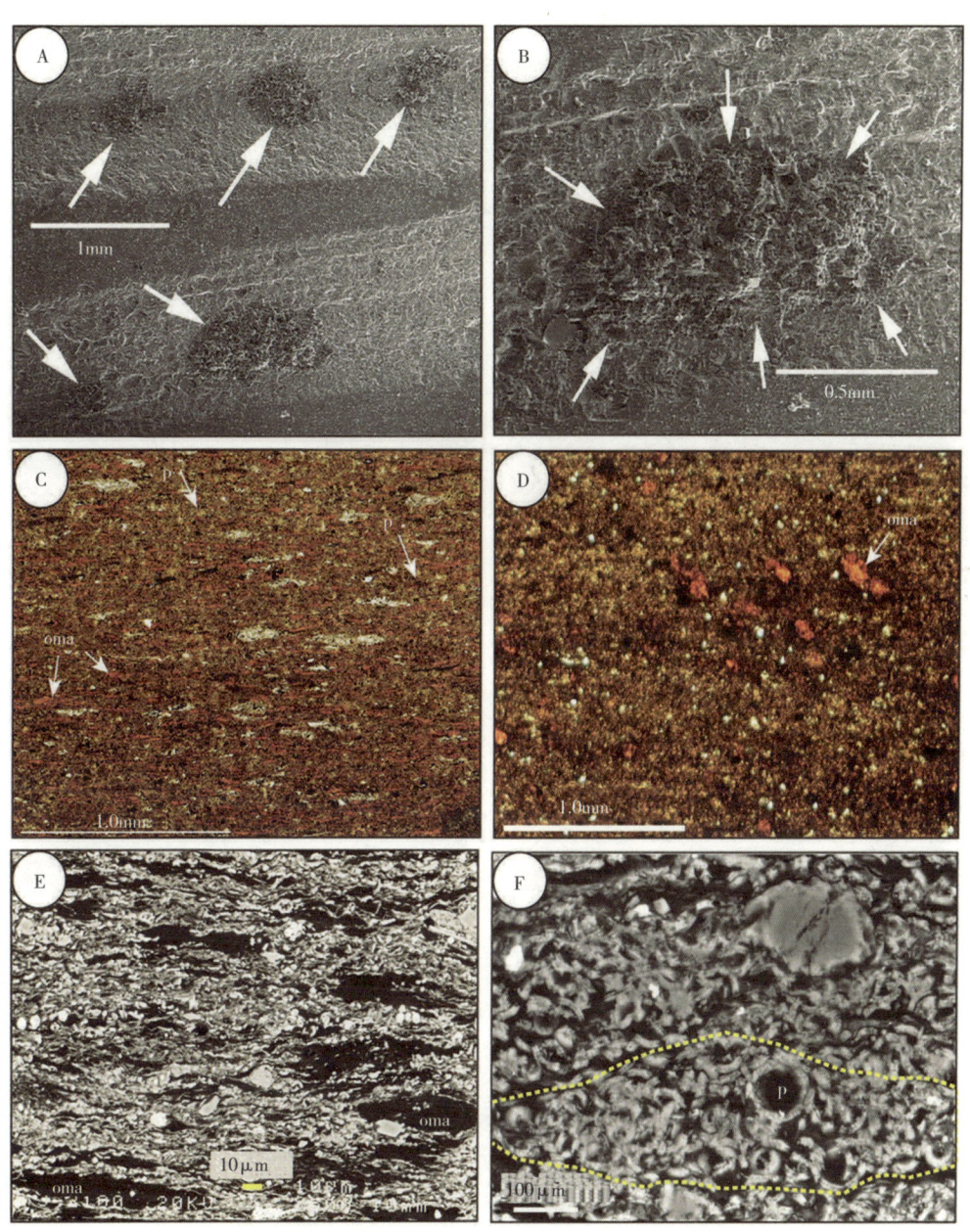

图 3.14 复粒（絮凝物、有机矿物聚合物、粪球粒）实例

A—水槽实验，高岭土絮凝片的扫描电子显微镜图片（箭头）；B—来自靠近 A 底部箭头右侧的一个絮凝片；C—英国侏罗系 Kimmeridge Clay 组有机矿物聚合物（oma）和粪球粒（p）；D—来自于 C 在相同泥岩中平行层的薄片；E—与 C 同一个样本有机矿物聚合物（oma）的扫描电子显微镜细节；F—与 C 同一个样本的富含石藻的球粒（p，黄色线圈起来的内部）的扫描电子显微镜细节

3.8 碎屑

碎屑实例如图 3.15 所示。

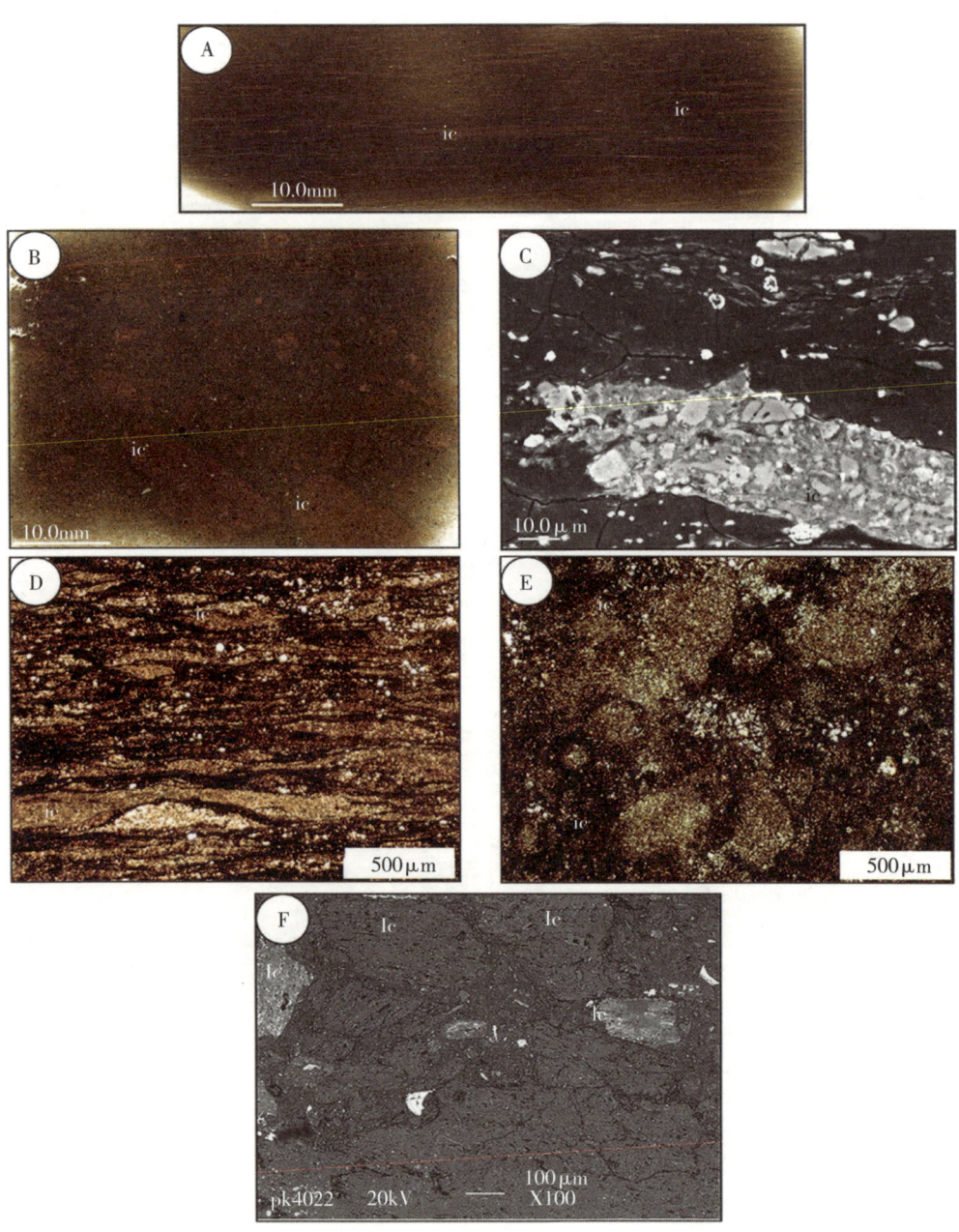

图 3.15 碎屑实例

A—英国侏罗系 Kimmeridge Clay 组压实内碎屑 (ic); B—在同一泥岩上的平行薄层, 如图 A 所示。注意有轮廓分明的内碎屑 (ic) 存在; C—来自 A 的包含石英和黏土矿物质的一种内碎屑的扫描电子显微镜的细节; D—印度元古宇 Rampur 页岩, 压实内碎屑 (ic); E—在同一泥岩上的平行薄层, 如图 D 所示; F—英国宾夕法尼亚系 Marsdenian 泥岩泥质基质中的砂粒级岩屑的扫描电子显微镜的细节

3.9 生物扰动作用指数（BI）

生物扰动指数（BI）是沉积速率、含氧水平、养分有效性和基底流变学的函数。

生物扰动的程度可以用 0~5 的范围来评估（Lazar 等，2010，2015；Reineck，1963；Potter 等，1980；Droser，1986；Taylor 和 Goldring，1993；Aplin，Macquaker，2010）。生物扰动的程度因没有可见的生物钻孔而不同，当岩石间隔完全均匀时，就不会有残留的层理（表 3.1、图 3.16、图 3.17）。

提示：

泥岩中的生物扰动往往很稀有。不要期望有太多的教科书式的鱼化石——生物钻孔通常是模糊的，因为它的基质和填隙物成分和流变学不同。通常情况下，底栖生物不会潜穴，而是在高含水分（含水 70%~90%）的泥质沉积物中游动，扰乱了沉积物结构，产生了变形结构。

局部环境控制可以在生物扰动作用下产生显著的局部变异。

压实往往会使泥岩中的生物钻孔变得模糊，在早期形成的小块和胶结区域内，可以看到未压实的生物钻孔。

表 3.1 生物扰动指数描述

生物扰动作用指数	口语上的生物扰动作用指数	描述
0	没有生物扰动作用	没有可见的生物钻孔，所有原始沉积构造保存完好
1	微弱的生物扰动作用	层是连续的，有一些生物钻孔
2	稀疏的生物扰动作用	层是不连续的，有许多生物钻孔
3	中等的生物扰动作用	残留层理，常见洞穴，个别的生物钻孔容易识别
4	强烈的生物扰动作用	最低限度的层内连续，大量的生物钻孔，有些明显的生物钻孔
5	搅动	没有残留的层理，基本都是均匀的，很难识别出单个的生物钻孔

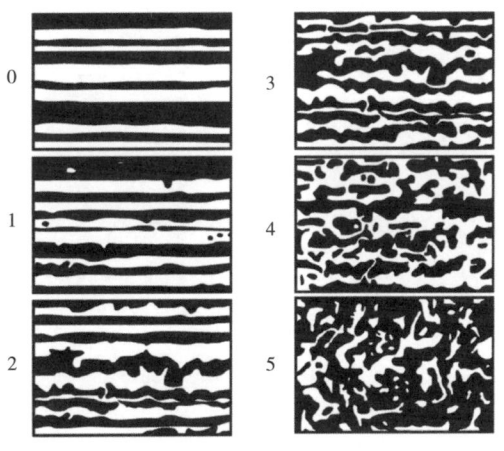

图 3.16 生物扰动级别示意图

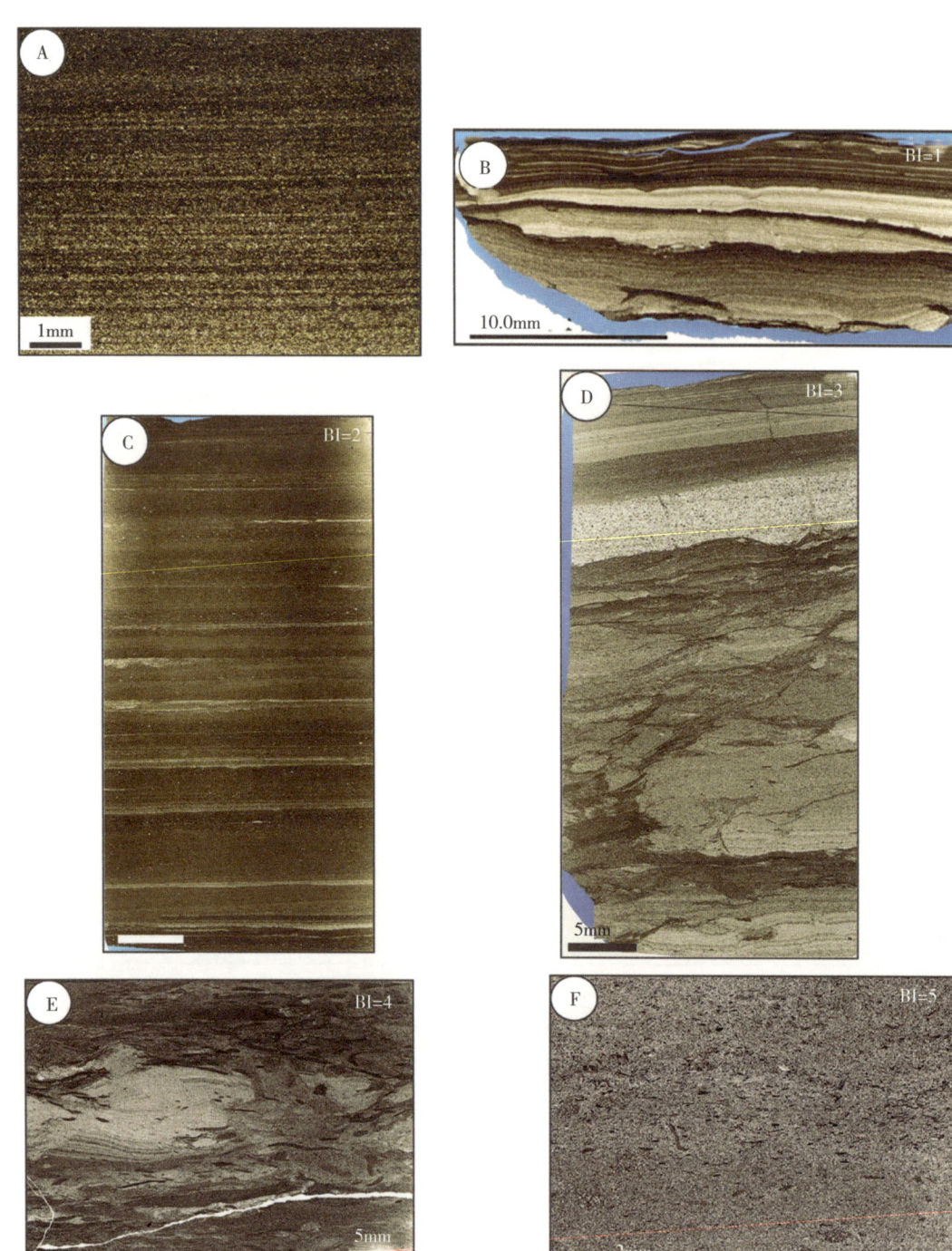

图 3.17 生物扰动作用指数（BI）实例

A—BI=0，英国侏罗系克利夫兰铁石矿组；B—BI=1，怀俄明州白垩系 Mowry 页岩（Passey 等，2012）；
C—BI=2，怀俄明州白垩系 Monry 页岩（Passey 等，2012）；D—BI=3，怀俄明州白垩系 Mowry 页岩（Jonk 等，2010）；
E—BI=4，犹他州白垩系 Kenilwoth 段；F—BI=5，犹他州白垩系 Kenilwoth 段

3.10 遗迹化石

遗迹化石是指生物产生的沉积构造。其包括遗迹、行迹、洞穴、虫孔，以及生物在爬行、蠕动、进食、隐藏、奔跑、休息时与底物相互作用留下的痕迹（图3.18~图3.20）。

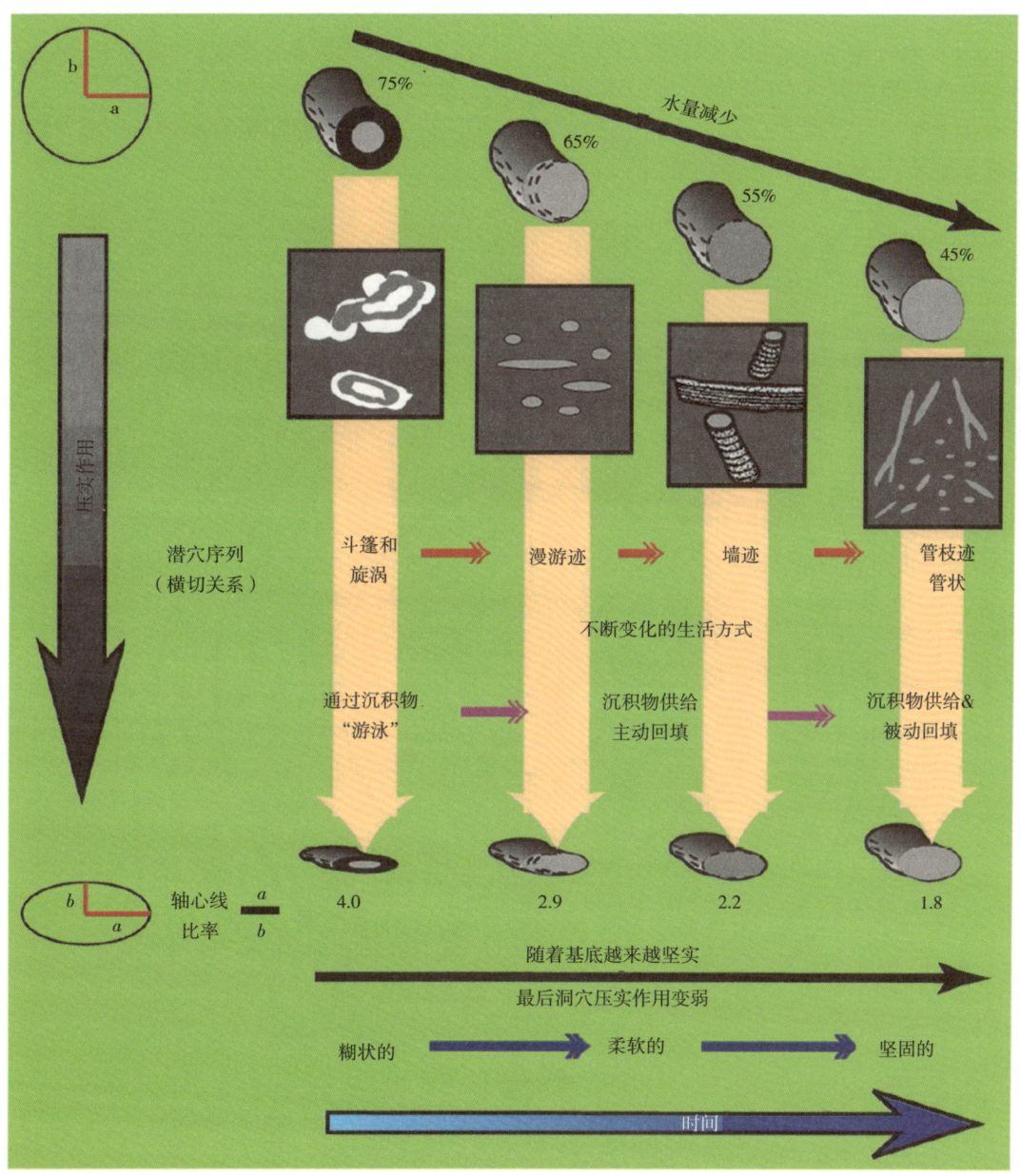

图3.18 生物潜穴的演化序列

遗迹学描述、分类和解释生物的遗迹。

遗迹相是环境相关遗迹的化石记录。

通过提供有关基底的胶结程度、氧化、盐度、底水湍流、水深、沉积速率、颗粒大小等方面的信息，遗迹化石有助于对古代沉积环境的解释。局部环境决定了特定位置出现的遗迹。

需要注意：

（1）教科书上的化石可能在一些泥岩中并不常见，而不确定的和未命名的遗迹可能是常见的。

（2）岩石抛光、数字图像处理和 X 射线衍射可能会揭示遗迹的出现，即使在"巨大的缺乏构造的黑色的页岩中"。

由于基底一致性的改变，因此生物钻孔的演替可以记录地表沉积物的逐渐沉降/堆积，以及不断变化的生活方式（Schieber，2003）。

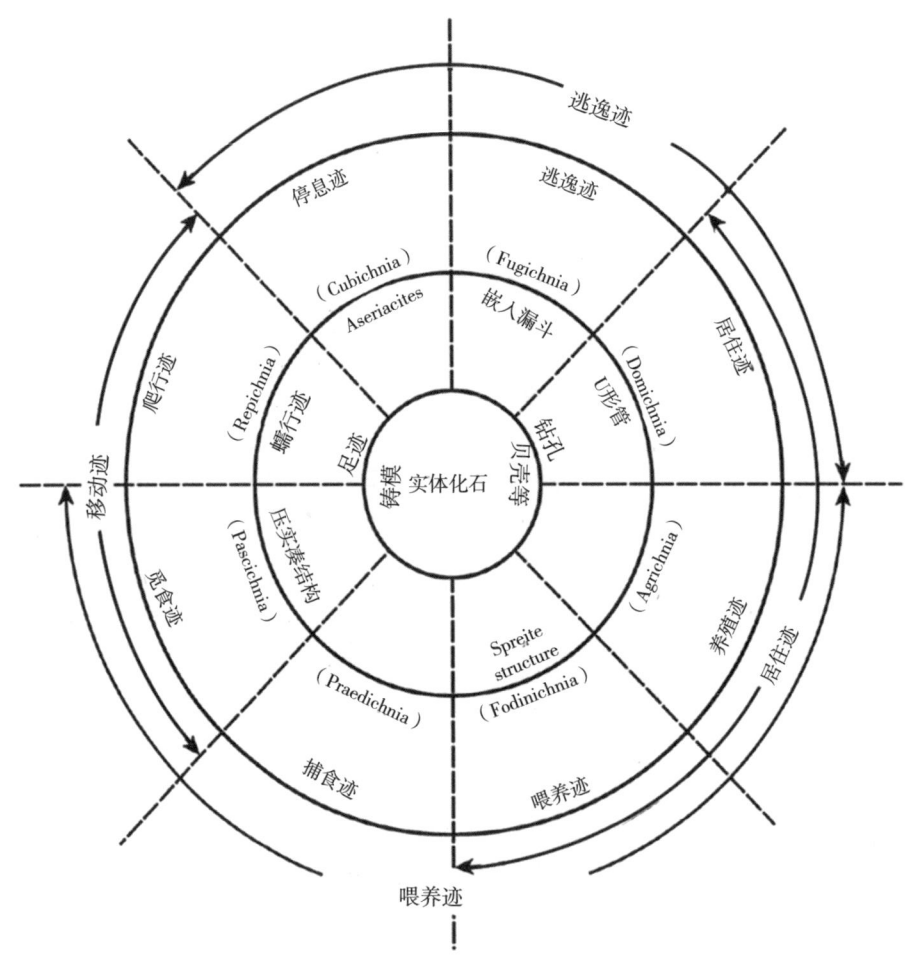

图 3.19　遗迹化石的行为分类及与实体化石的关系（据 Pemberton 等，2001）

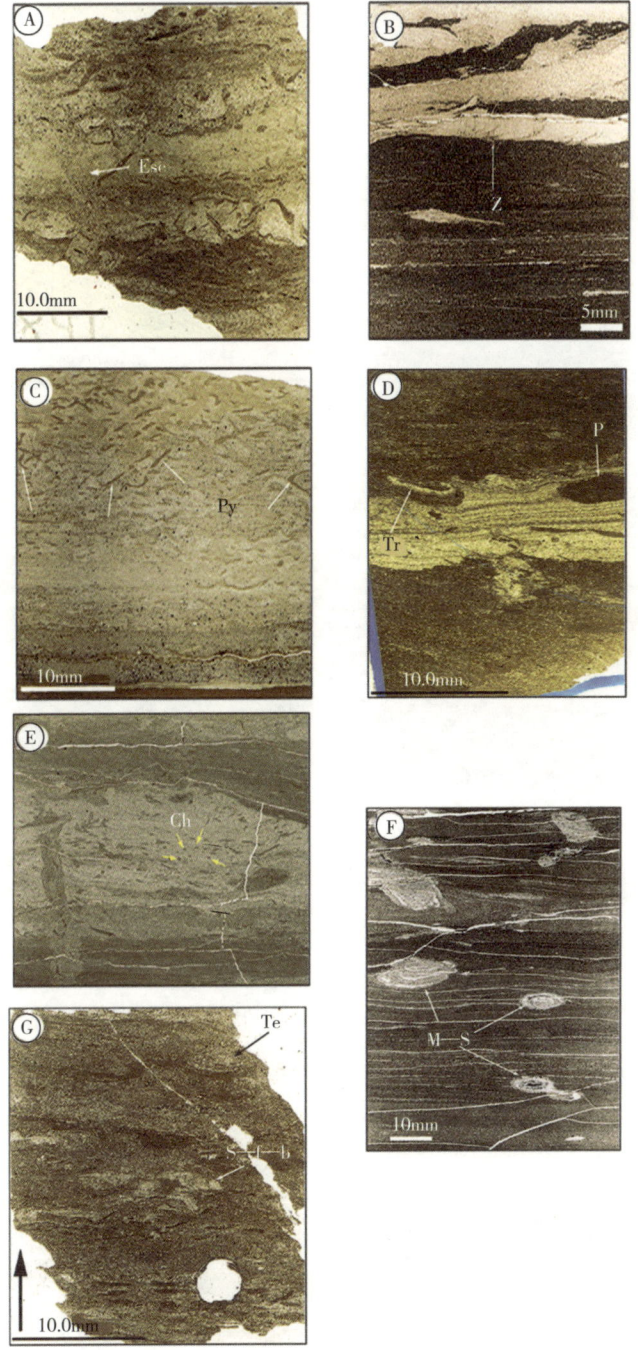

图 3.20 遗迹化石

A—犹他州白垩系 Mancos 页岩；B—田纳西州泥盆系 Chattanooga 页岩；C—英国侏罗系 Upper Stripped 层；
D—怀俄明州白垩系 Mowry 页岩（Passey 等，2010）；E—纽约州泥盆系 Sonyea 群；
F—田纳西州泥盆系 Chattanooga 页岩；G—犹他州白垩系 Mancos 页岩
Ch—管枝迹；Te—墙迹；Esc—逃逸迹；Tr—蛰龙介穴；M-S—斗篷 & 漩涡；S-f-b—泥沙充填生物钻孔；
P—漫游迹；Z—动藻迹；Py—藻管迹

3.11 微生物垫

微生物垫实例如图 3.21 所示。

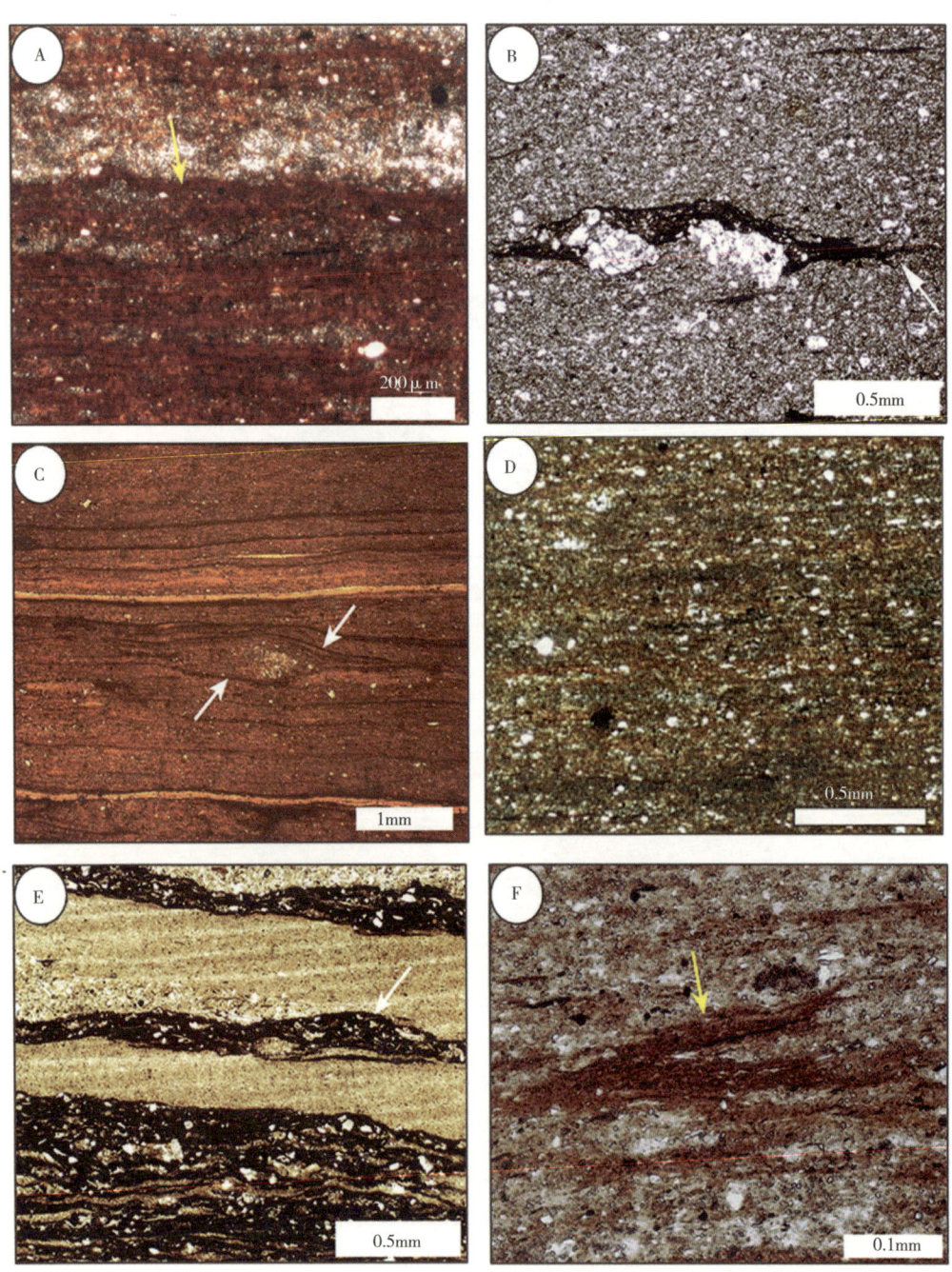

图 3.21 泥岩中微生物垫实例

A—怀俄明州始新统绿河组；B—印第安纳州 Kopela 页岩；C—亚利桑那州新元古界中部 Kwagunt 组（Chuar 群）；
D—犹他州始新统绿河组；E—蒙大拿州中元古界 Newland 组条状页岩；F—怀俄明州始新统绿河组

3.12 微体化石

微体化石实例如图 3.22 所示。

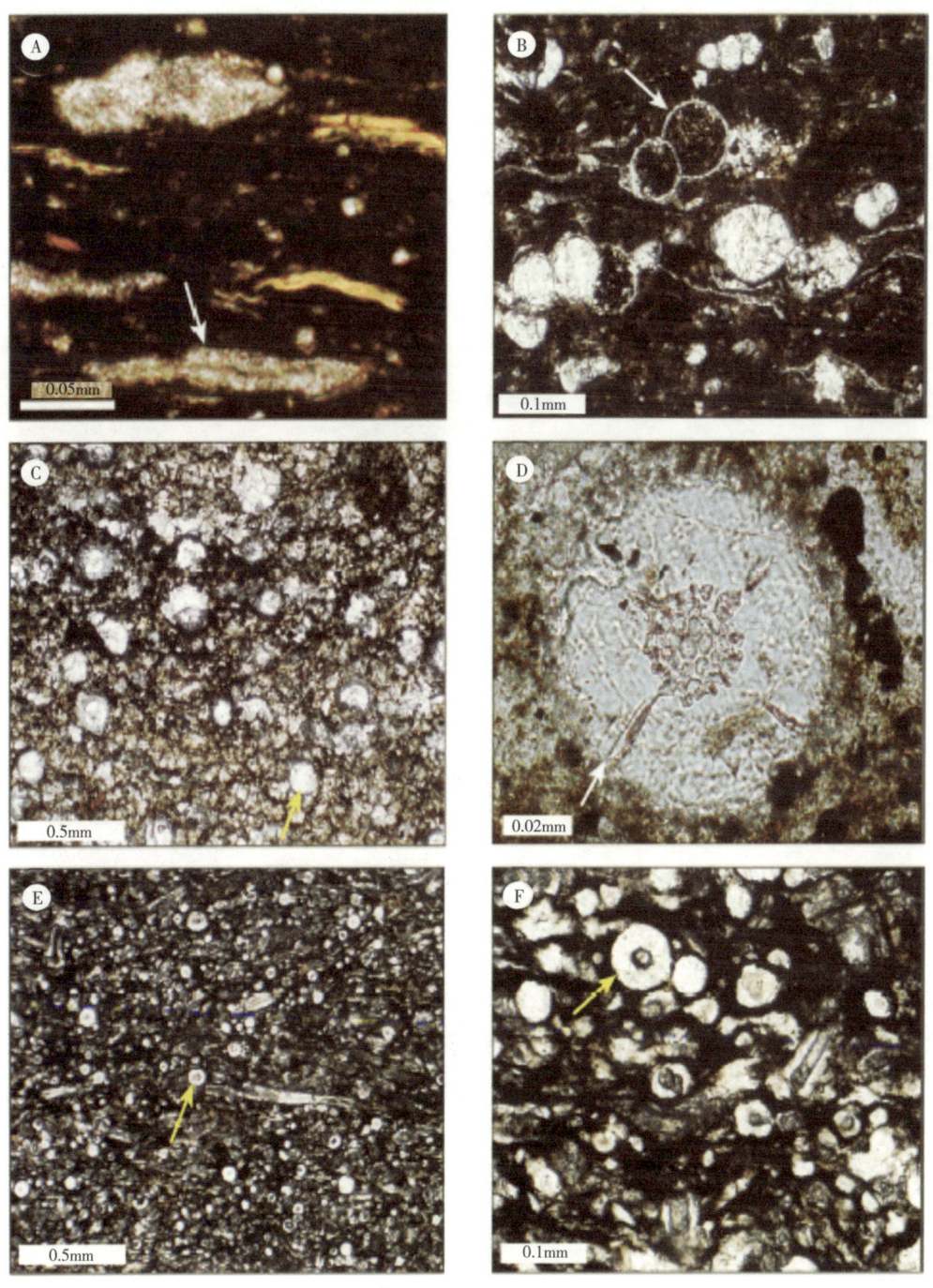

图 3.22 微体化石实例

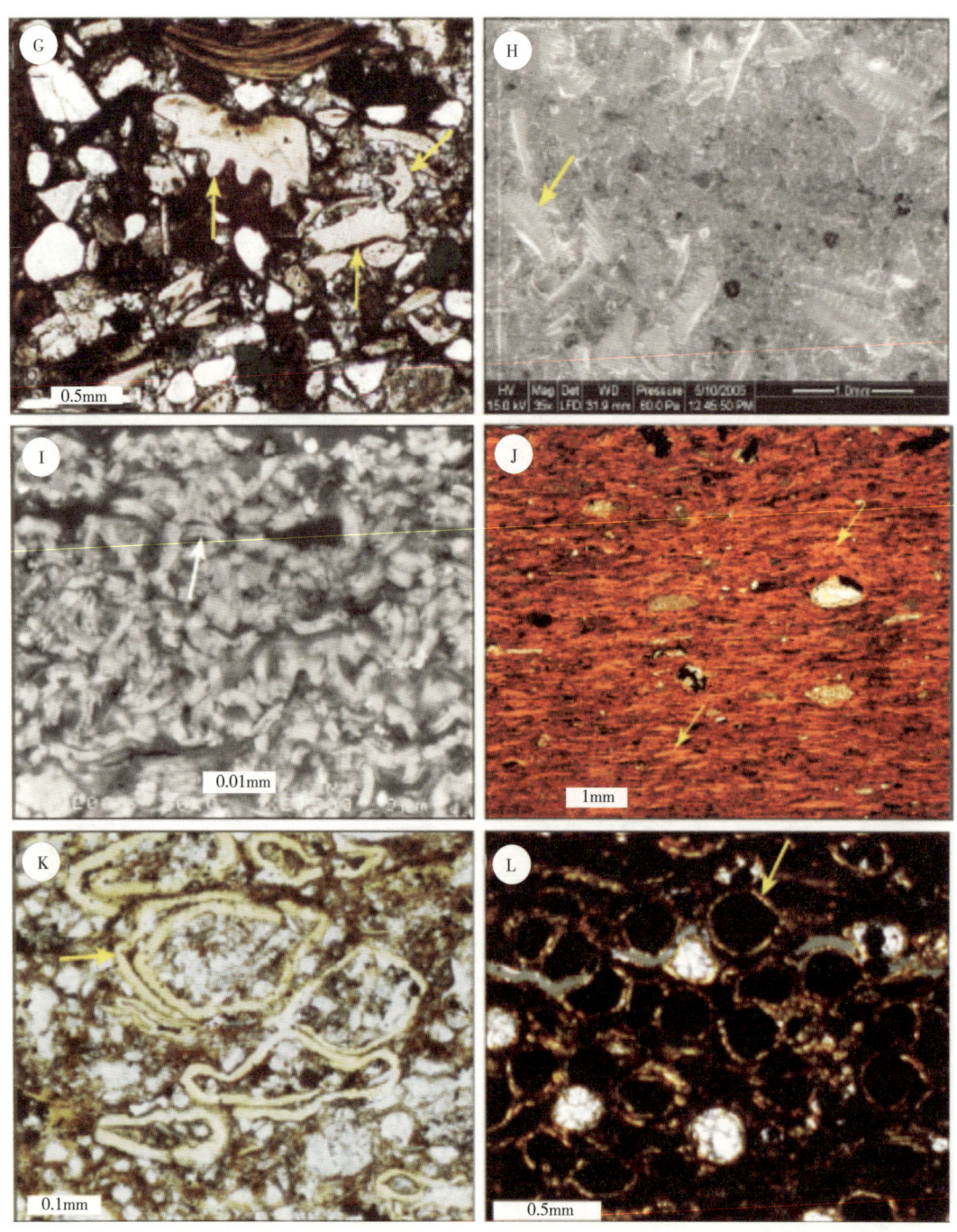

图 3.22 微体化石实例（续）

A—开曼群岛克利夫兰页岩中的胶结壳有孔虫；B—得克萨斯州白垩系鹰滩页岩中的有孔虫类；C—俄亥俄州泥盆系俄亥俄页岩中的放射虫类；D—俄亥俄州泥盆系俄亥俄页岩中的放射虫类；E—得克萨斯州石炭系巴内特页岩中的海绵骨针；F—得克萨斯州石炭系巴内特页岩中的海绵骨针；G—开曼群岛泥盆系新奥尔巴尼页岩牙形石化石；H—印第安纳州泥盆系新奥尔巴尼页岩牙形石化石；I—英国侏罗系 Kimmeridge Clay 组颗石藻；J—英国侏罗系 Kimmeridge Clay 组藻显微组分；K—印第安纳州泥盆系 New Albany 页岩塔斯马尼亚孢属；L—印第安纳州泥盆系 New Albany 页岩塔斯马尼亚孢属

3.13 矿物成分

矿物成分实例如图 3.23 所示。

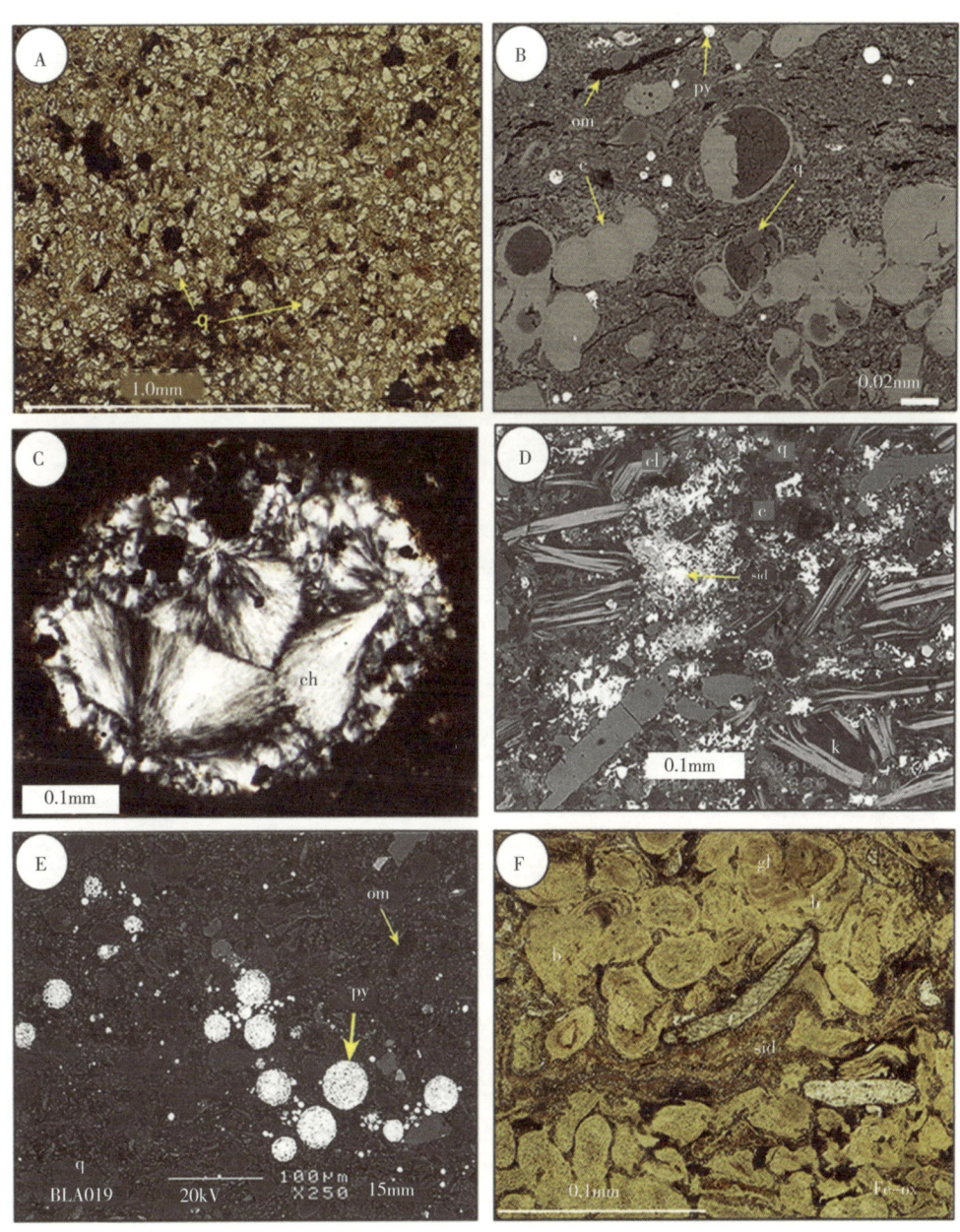

图 3.23 矿物成分实例

A—犹他州白垩系 Mowry 页岩；B—哥伦比亚白垩系 Greenhorn 组；C—印第安纳组泥盆系 New Albany 页岩；
D—犹他州白垩系 Mancos 页岩；E—犹他州白垩系 Mancos 页岩；F—英国侏罗系克利夫兰铁矿石组
b—磁绿泥石；c—方解石；cl—绿泥石；Fe-ox—铁的氧化物；gl—海绿石；k—高岭石；
om—有机物质；py—黄铁矿；q—石英；sid—菱铁矿

3.14 成岩作用特征

成岩作用实例如图 3.24 所示。

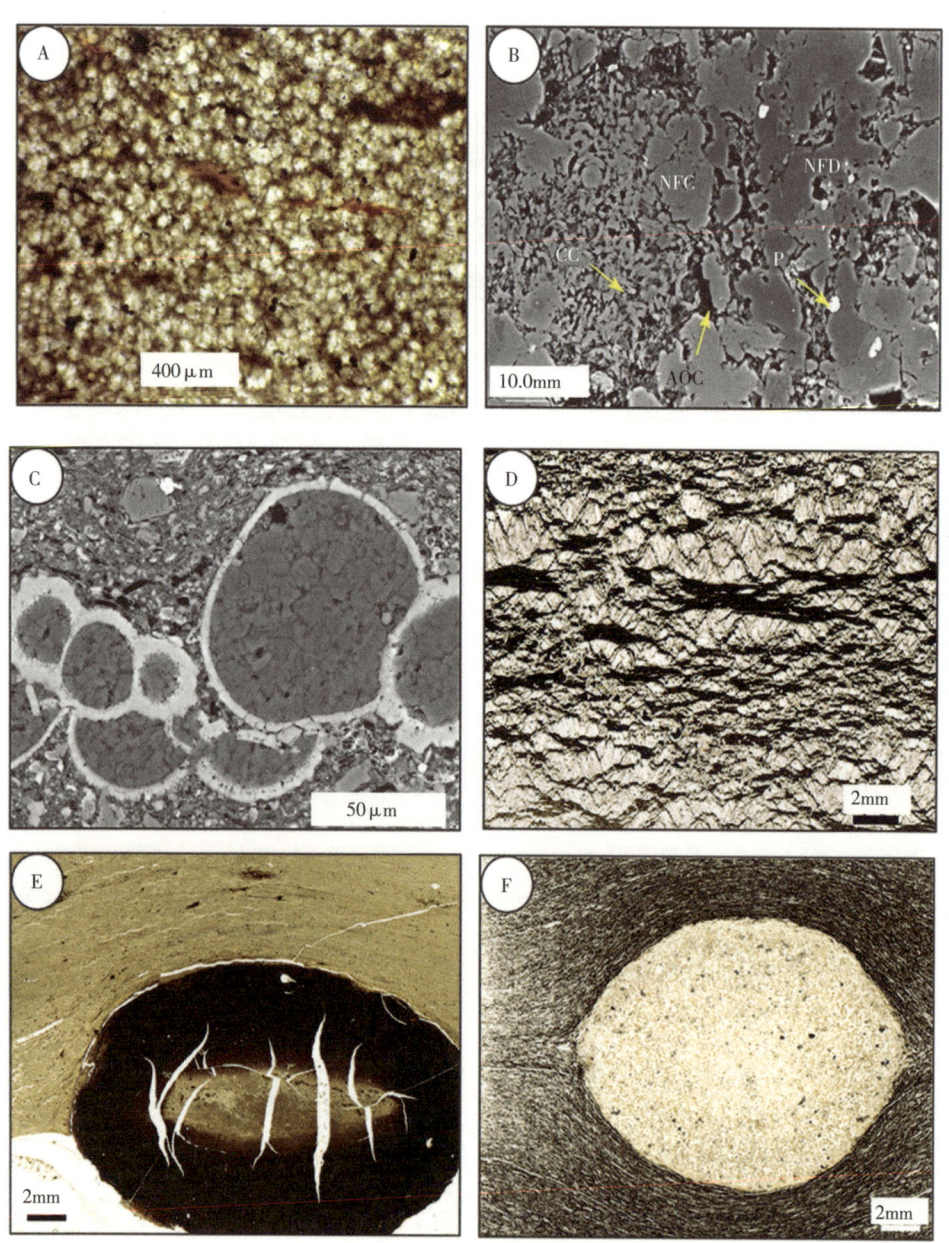

图 3.24 成岩作用实例

A—英国侏罗系 Kimmeridge Clay 组碳酸盐胶结泥岩；B—英国侏罗系 Kimmeridge Clay 组扫描电子显微镜细节（A图）；C—堪萨斯州白垩系格林霍恩组填充着自生黏土的有孔虫；D—德国侏罗系叠锥海浪蛤属页岩；E—纽约泥盆系 Sonyea 群磷酸根结核；F—堪萨斯州宾夕法尼亚组 Heebner 页岩中的磷酸盐，注意结核周围不同的压实
NFC—不含二价铁的方解石；NFD—不含二价铁的白云石；P—黄铁矿；AOC 不定型有机碳；CC—粒辉石

3.15 泥岩中常见孔隙和离子研究伪影

3.15.1 离子研磨

泥岩薄片（3mm 厚）磨光被安装在一个支架上，并与层垂直（图 3.25）。

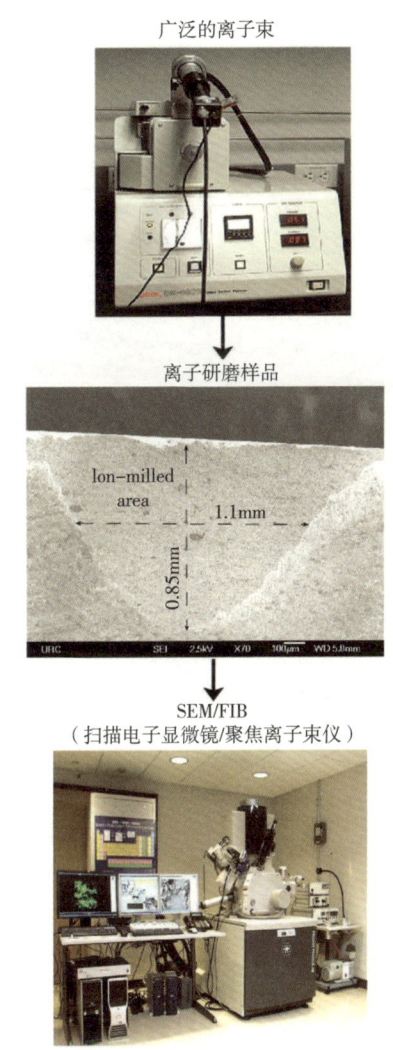

图 3.25 离子研磨流程示意图

泥岩中常见孔隙的类型如下。

有机物中的孔隙，OM（图 3.26A、图 3.26C）：有不同的尺寸（纳米到微米）和不同的形状（圆形的、细长的等），通常在较高成熟度样本中更常见。

微体化石填充孔隙（图 3.26E）：通常与矿物沉淀和有机物质填充微体化石有关。

矿物基质中的孔隙（图 3.26B、图 3.26D、图 3.26E）：通常是三角形到多边形，这些孔隙在泥质基质中或在黏土覆盖成岩和碎屑颗粒之间可观察到。通常与成岩矿物的生长有关（如硅石、碳酸钙、钠长石、黄铁矿等）。

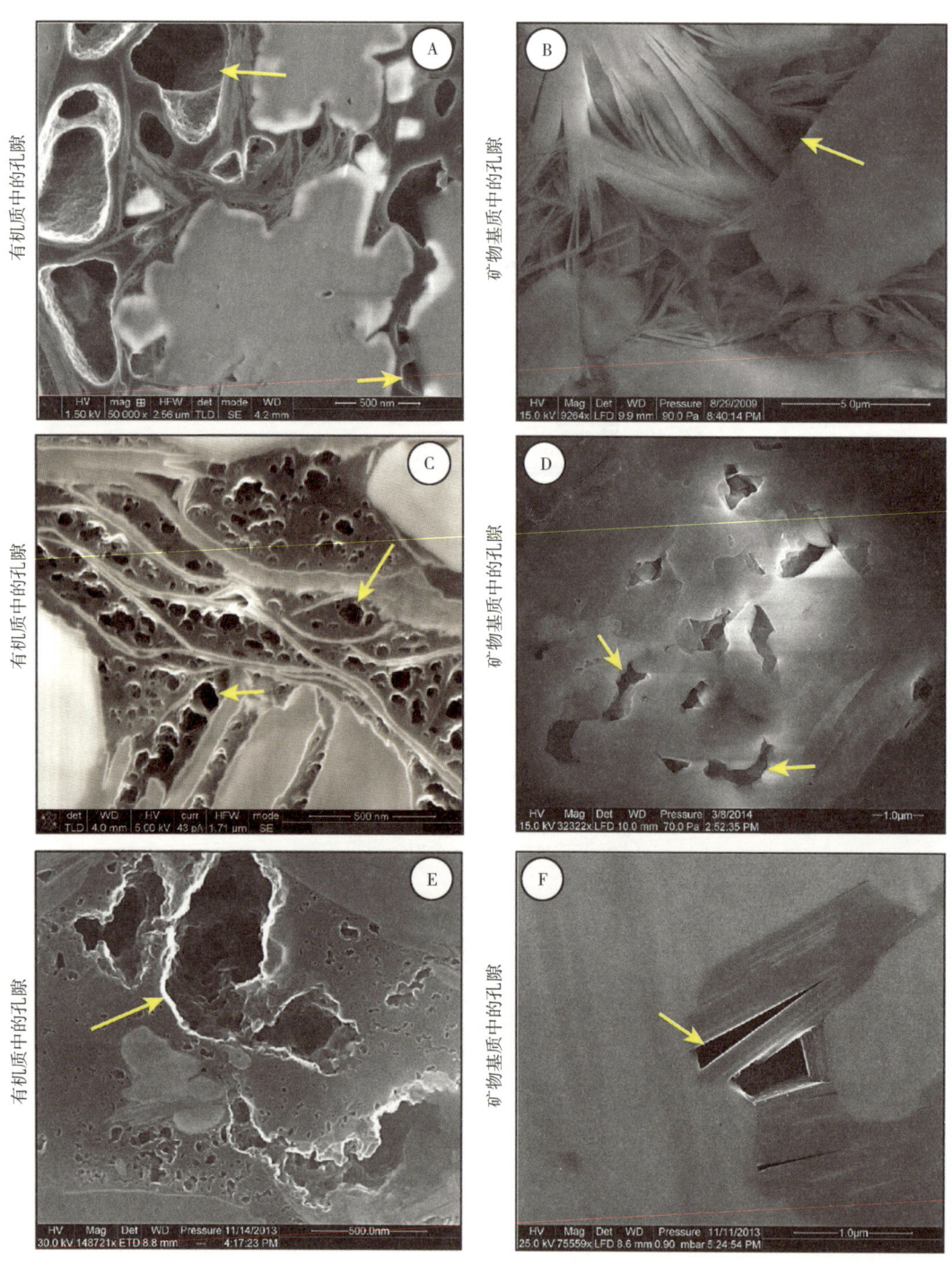

图 3.26 在扫描电镜下观察到的孔隙（黄色箭头）

A—加拿大泥盆系 Horn River 组（Potma 等，2012）；B—印第安纳州寒武系 Eau Claire 组；C—得克萨斯州石炭系巴内特页岩（Passey 等，2010）；D—宾夕法尼亚州奥陶系尤蒂卡页岩；E—宾夕法尼亚州奥陶系尤蒂卡页岩；F—宾夕法尼亚州奥陶系尤蒂卡页岩

3.15.2 离子研磨伪影

人工孔隙可能是由离子束加热产生的（图3.27）。常见的加热相关的伪影包括富含有机质区域里的幕效应、含水矿物的脱水（如蒙皂石、石膏）、活性成分周围形成的槽形结构（Schieber 等，2012；图3.28）。

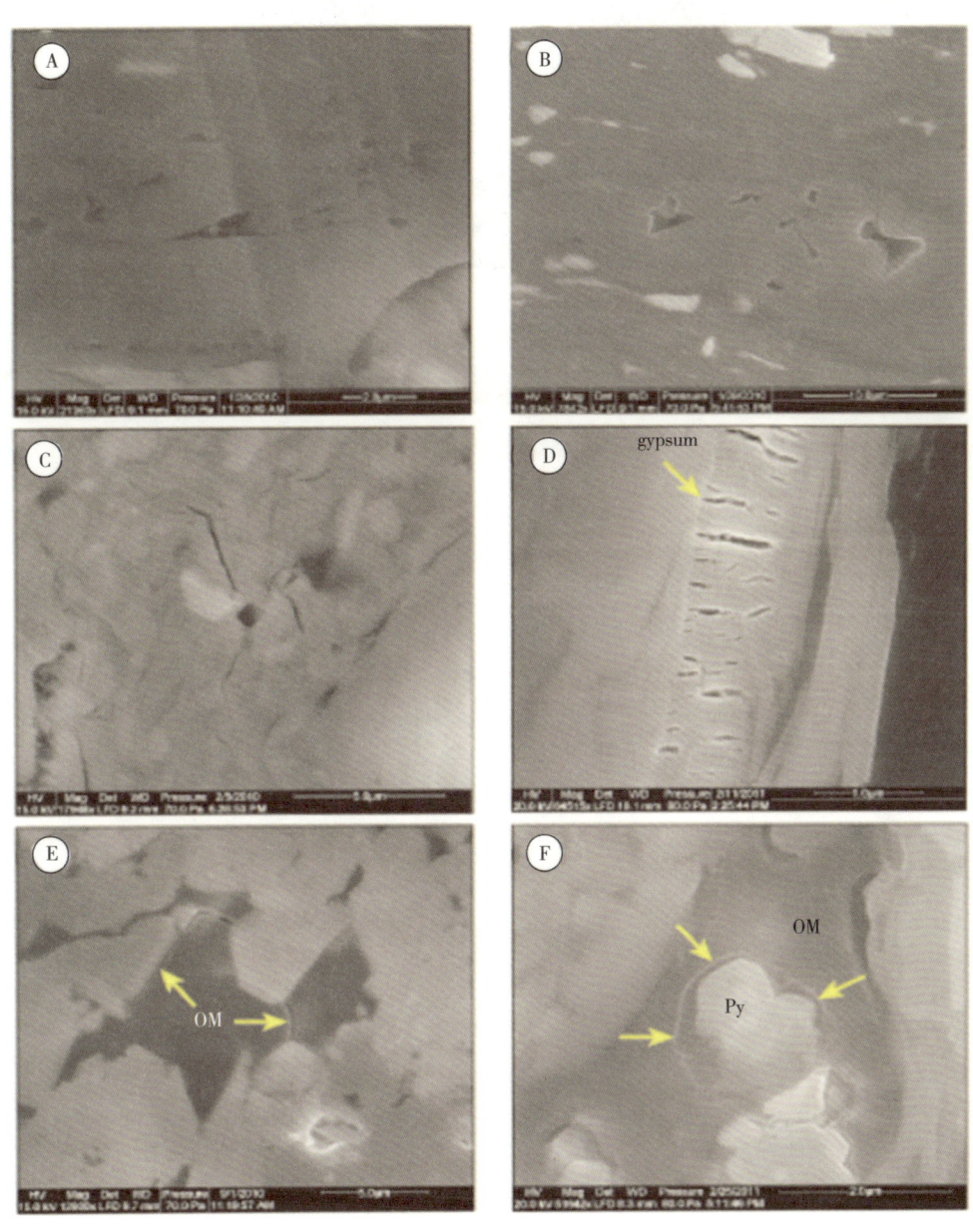

图 3.27　离子研磨伪影实例

A—室温条件下，在多孔有机质（OM）中产生线性加灰的幕效应；B—在冷却的液氮中多孔的有机质研磨样品，注意没有幕效果和光滑表面；C—在蒙皂石中的干脱裂缝，光束加热已经移除了水并导致收缩；D—石膏中近于水平的收缩缝填充了近于垂直的裂缝，这是由光束加热造成的；E—加热引发了有机质中孔隙的收缩（箭头）；F—沿着有机质和黄铁矿（Py）之间的界面形成了沟槽，在研磨形成沟槽（箭头）过程中，靠近界面的有机质优先被移除用液氮冷却样品可以极大地减少和消除人工离子研磨伪影。

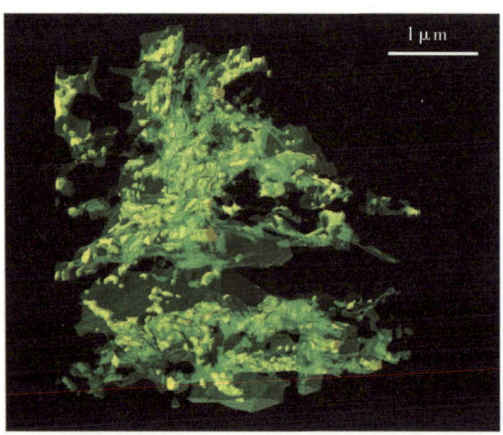

图 3.28　用电子显微镜/聚焦离子束的 3D 图像估计孔隙的尺寸和连通性
（据 Klimentidis 等，2010；Passey 等，2010）
用黄色突出显示岩石孔隙连通性，绿色突出有机质，黑色突出矿物成分

第4章 泥岩露头观察及岩心描述

由于细粒沉积岩含有大量易参与化学反应的矿物（如黏土、黄铁矿），使得该类沉积岩野外露头和岩心风化程度较深。此外，泥岩露头和岩心颜色多样，野外识别、描述难度较大。在野外敲出新鲜面后，通过细致而系统的检测，学者可获得有关泥岩结构、层理、物质组成和岩性纵横向变化以及沉积类型等方面的信息。本书建议对泥岩露头及岩心开展毫米至厘米尺度下物理、生物及化学方面的检测记录工作，并采用本书第1章提出的系统命名法和本章的技术流程。

泥岩露头、岩心描述内容包括：
（1）识别岩相；
（2）将重复出现、有代表性且有指示意义的相作为相组合（FAs）；
（3）识别关键地层界面；
（4）识别主要地层单元；
（5）确定所有岩性和包含地层信息FAs的典型样品的位置，以实现详细泥岩描述及井震标定；
（6）基于化学分析、测井和地震数据开展野外露头和岩心综合解释工作，并将解释成果整理汇集在层序地层框架内。这一步对破译泥岩地层沉积控制因素及推断预测具有重要经济意义的泥岩性质极为关键。

4.1 泥岩露头描述综合流程

本书建议在泥岩露头描述时采取如下步骤。

4.1.1 野外观察

4.1.1.1 多次检测岩层出露地段

（1）寻找泥岩地层在厚度、结构、层理、物质组成、连续性、沉积方式和侵蚀界面上发生改变的地方，暂时确定层序组合。
（2）记录泥岩风化特征及岩层横向、纵向变化情况。
①薄层中是否有风化？含有贝壳状断裂面的厚层中是否存在风化现象？风化现象界线在何处？
②露头整体颜色（颜色由物质组成和风化程度决定）如何？
　a. 蓝灰色（有机质和碳酸盐胶结物）；
　b. 棕红色（黄铁矿氧化形成的铁斑）；
　c. 是否观察到白色或黄色的硫酸铁（酸味）风化物？此类风化物表明露头含有黄铁矿（含量5%~10%）并且缺乏碳酸盐胶结。

4.1.1.2 露头观察和描述

依照从下往上的顺序观察露头,重点描述泥岩结构、层理和物质组成,并识别、检测、描述地层单元及界面,在所有尺度下观察沉积和地层特征并对其拍照。

(1) 确定并检查所有岩相和潜在地层单元的新鲜面;细粒沉积岩往往风化程度较重,为此需要针对风化岩石开展大量挖掘和切割工作以获得可作为后续详细描述和适当取样的新鲜面(图4.1)。

必须准备标准安全装置,挖掘切割的同时要考虑保护露头和周围地层以方便其他研究者开展工作。

(a) 野外挖掘新鲜面工作图　　　　　(b) 野外切割岩样工作图

图4.1　野外取样工作图

(a) 在野外开展挖掘工作去除风化岩石以获得新鲜面,为后续详细岩性描述和提取岩样奠定基础;
(b) 可以使用便携式锯条切割岩样,但需要梯子、脚手架和对应的安全设备(据Lazar等,2010;Schieber 1998a)

(2) 泥岩岩性描述内容:结构、层理和组成(表4.1罗列泥岩常见属性;类似内容参照第1章)。

① 确定泥岩结构(粗、中、细粒泥岩;图1.1)。

肉眼估计砂砾含量,并以百分比的形式表示。如果砂砾含量小于50%,该岩石可定义为泥岩,可以进行划痕试验以确定主要颗粒的尺寸。划痕试验是以锋利的钢材划过露头新鲜面,然后观察划痕的光泽和所产生粉末的颜色。

a. 划痕呈现明显蜡质光泽,深色粉末通常表明露头中细粒物质含量超过2/3(称为细泥岩)。

b. 划痕呈现明显暗淡光泽,浅色粉末表明粗粒度的物质含量超过2/3(称为粗泥岩)。

c. 划痕呈现中等光泽,中等颜色粉末表明中等粒度物质含量介于1/3~2/3(称为中泥岩)。

划痕试验的结果需要开展严谨的解释工作,这是因为胶结物、团块颗粒、微晶石英的存在会导致错误的解释。胶结物会导致解释人员高估粗颗粒含量,团块颗粒会导致对粒径的低估,尤其当岩石含有黏土质团块颗粒时更明显。微晶石英会导致高估颗粒尺寸(Milliken等,2012;Milliken,2013)。

如果薄片可用,则可进一步精确估计颗粒尺寸(如明确成岩作用和生物扰动作用对颗粒尺寸的影响)。建议在研究早期准备常规薄片以开展岩石结构划痕测试评估与对应微观评估结果的对比工作。如果没有样本大小限制，建议制作大抛光薄片（76mm×48mm）。

②岩石层理描述（图1.2、表4.1）。在毫米、厘米到分米尺度下，地层之间接触关系如何？

表4.1 常见泥岩属性

粒级	层理	组分
粗泥岩	连续平面平行层理	硅质
中泥岩	非连续平面平行层理	泥质
细泥岩	连续波状平行层理	钙质
	非连续波状平行层理	亚长石质
	连续波状非平行层理	磷酸盐
	不连续波状非平行层理	碳质
	不连续曲面非平行层理	干酪根

a. 识别和描述纹层和层。

i. 记录纹层连续性、形状和几何特征。

ii. 识别地层边界。地层边界可通过追索地层终止端来确定（如界面以下的削截现象以及上超、下超现象），或者存在生物集群层、地下潜穴及岩相变化。

iii. 泥岩层理厚度通常为毫米到厘米级别（一般为1~4mm），往往由成因相关的纹层组成。

iv. 是否能看到"条带状"？分米尺度下的带状风化通常与黏土和有机质含量的准周期变化有关，而黏土和有机质含量则与富有机碳岩石与富黏土矿物的软夹层有关（Jaminski等，1998；Schieber和Lazar，2004）。

b. 描述物理成因的沉积结构（原生、次生）。

i. 记录原生沉积结构（如流水波痕、浪成波痕、递变层理、冲刷层理等）。

ii. 记录次生沉积结构（如褶皱、微裂缝、泄水构造等）。

iii. 定量描述沉积结构的丰度，例如：无（0）、极稀少（0~10%）、稀少（10%~20%）、少（20%~40%）、正常（40%~60%）、丰度（60%~80%）和极丰富（80%~100%）。

c. 描述生物成因的沉积结构。

i. 记录类型、大小、多样性和洞穴分层。

ii. 依据表4.2，量化评估生物扰动指数（0~5）。在泥岩地层完全均质化的假设下，生物扰动程度差异较大，从没有肉眼可见的洞穴到没有剩余层理结构。泥岩中的生物扰动作用往往不易察觉；不要期望遇到教科书式的遗迹化石，实际中，由于洞穴骨架与填充物在物质组成与流变性上差异较小，洞穴往往不易识别。在泥岩压实之前，底栖生物不仅在泥岩沉积物中打洞，而且会借助沉积物中含有大量的水（70%~90%）在其中游来游去，此类动作在扰动沉积物骨架的同时也形成了许多变形构造（Lobza，Schieber，1999；Schieber，2003）。

d. 描述实体化石的类型、大小、多样性、分布、保存情况和埋藏。

i. 野外化石可能是破碎的，也可能是明显保存在新鲜面上，或者集中保存在滞留沉积中，这类化石包括：双壳类（*Inoceramus*）、腕足类（*Lingula*，*Orbiculina*）、腹足类、头足类、棘皮动物、触须动物、花柱动物、泪囊动物、牙形刺（毫米—亚毫米级）、有孔虫、鱼鳞和骨骼碎片及小的（<5mm）椭圆形和双瓣碳质植物（*Protosalvinia*）、藻囊（*Tasmanites*）及树木碎片（*Callixylon*）等。

ⅱ. 利用物理成因的沉积构造描述量化实体化石丰度。

ⅲ. 化石埋藏研究范围包括化石保存最差到保存最完整。一个贝壳类的保存状态、朝向和包裹物，可以用从 1~6 的 6 个尺度来评估。具体包括粉碎（6）、断裂（5）、脱节和对齐（4）、脱节且随意分布（3）、聚集在一处（生物尸体堆积 2）和共同生活在一起（生物群落，1）。

e. 描述化学成因的沉积特征。

ⅰ. 结核或者固结物（如大小、朝向、所在地层位置、发育程度、物质组成）。

ⅱ. 岩脉，测量岩脉宽度、长度（是否扭曲）、走向；是垂直发育，水平发育还是倾斜发育？描述脉状填充情况（如石英、方解石、白云石、沥青）。

③确定物质构成（如硅质、钙质、泥质、碳质等）。

a. 进行划痕试验后，在划痕、粉末和邻近新鲜面滴下稀盐酸，并观察反应活力以评估是否存在碳酸盐及所含碳酸盐的类型。

b. 观察一般裂缝的特征、光泽、颜色，鉴定主要矿物。

c. 描述碎屑、生物和自生组分（如胶结物、结核、固结物；图 1.4）。

d. 描述有机质类型（如无定形的、藻类的、草本的、木质的、煤质的；可能对成熟过程中的有机碳组分有贡献的流动液体）及其分布。

如果有可用薄片，即可进一步识别岩石的物质组成（如可区分单个颗粒和胶结物）。

（3）识别和描述地层单元（如准层序、体系域、沉积层序）和关键地质界面（如层序界面和洪泛面）。

①识别和描述地层单元。

a. 相组合叠加成具有明显特征并形成准层序的相组合序列。准层序是一系列成因相关的地层和地层组合。这些地层或者地层组合由非沉积界面、局部侵蚀面及与之相关的界面所限定，叫作"准层序边界"（Van Wagoner 等，1998；Bohacs，1998；Bohacs 等，2014）。许多沉积环境均可形成准层序（Van Wagoner 等，1990；Bohacs，1998；Abreu 等，2010；Bohacs 等，2014；Lazar 等，2015）。准层序是沉积序列的基本组成单元。

b. 收集伽马光谱剖面以进一步描述地层单元。可以使用手持伽马射线扫描仪测量伽马射线总强度和每种放射性元素的辐射量，包括铀（与有机质和磷酸盐有关）、钍（与重矿物和火山灰有关）和钾（与黏土矿物和钾长石有关）（图 4.2；Adams，Weaver，1958；Schwalbach，Bohacs，1992；Bohacs，Schwalbach，1994；Rider，2002）。探头与露头的间距直接影响所测伽马射线强度值，仪器测试过程中必须保证恒定间距（图 4.2；Zelt，1985；Myers，Wignall，1987；Schwalbach，Bohacs，1992；Bohacs，Schwalbach，1994）。依据伽马剖面可以构建地层单元与附近露头和地下地层的联系（Schwalbach，Bohacs，1992；Bohacs，Schwalbach，1994；Schieber，Lazar，2004；Lazar，2007）。

②识别和描述地层界面。

不同泥岩地层之间是否存在突变接触？是否存在与侵蚀相关的证据（如滞留沉积）？如果露头横向延展超过几十米甚至更长，或许能看到下伏地层小角度削截现象。利用透视法，以一个小角度视角观察露头可获得地层之间接触关系，但是需要警惕由于距离露头太近而导致"透视失真"的情况发生。肉眼观察所得角度关系应当通过地层追踪进行验证,其中尤以实地开展地层追踪最佳,但在实际工作中往往难以实现,可使用照相机以固定间隔对露头按照一定角度拍照,然后以室内拼接的办法代替实地追踪。

图 4.2　野外露头伽马射线探测施工图(据 Lazar 等,2010)

表 4.2　生物扰动分类表

生物扰动指数(BI)	扰动级别	描述
0	未扰动	无可见洞穴,保留了所有原始沉积结构
1	弱扰动	层理连续,偶尔有几个洞
2	稀疏扰动	层理不连续,有一些洞
3	中度扰动	残留层理,普通洞穴、独立洞穴大多可识别
4	强扰动	层理连续性极差,有大量洞穴,还有一些独特洞穴
5	剧烈搅动	无残留层理,完全均质,难以识别单个洞穴

(4)取样。在清洁的新鲜面上获取所有地层的代表性岩样。可用便携式工具在垂直层理方向获得连续槽样(图 4.1b)。

(5)野外观察、描述及解释成果记录。

①制定合适的表格格式,可依据所研究泥岩地层和研究目标进行修改和调整,以具体反映研究项目的目标、预算和时间安排的可行性。表格格式至少应包括以下内容:

a. 单独罗列观察信息和解释成果。

b. 突出数据趋势(表格不是简单的罗列数据)。

c. 提供"辅助备忘录"或者展示关键数据属性描述。

②进行观察和解释的时候要对记录内容的准确性进行评估(是否正确、可能、不可能?)。

③所有识别出的相(包括常见的和不明显的相)和相组合,以及泥岩物理、化学和生物属性中值得关注的特征均需拍照留存。同样,对所有关键地层单元、界面和露头全貌均拍照留存。

④有用提示：

a. 上述步骤仅供参考——实际应用中需根据自身工作经验确定合适的工作流程。

b. 开始工作前，优先整理自己的工作箱，包括背包、地质锤、指南针、手杖、手动镜头、照相机、酸瓶（10% HCl）、刮刀（尖钢探针）、刷子、凿子、铅笔刀、胶带、尺子、粒度图、样本袋、铅笔、记号笔、野外笔记本、夹板；本书相关表格和附录文本复印件、小急救箱、哨子、手电筒等。

c. 数据备份——制作野外露头描述的文本和数字拷贝件。

4.1.2 解释工作

开展解释工作之前尽可能收集相关数据，包括露头描述、岩心和薄片描述及解释成果、测井数据和地震数据。开展层序地层学解释（纹层、纹层组、层、层系、准层序、准层序组、层序、明显地层边界）。

重点解释内容（Bohacs 等，2005，2014；Lazar 等，2015）如下：

（1）沉积物主要来源：碎屑（直接来自陆地）、生物（浮游、底栖、陆原）、化学。

（2）沉积物沉积模式：牵引流、泥沙重力流、悬浮沉降。

（3）主要流体模式：单向稳定、单向不稳定、震荡。

（4）物理改造模式：波基面上下、水流改造等。

（5）沉积物沉积速率：快、中、慢。

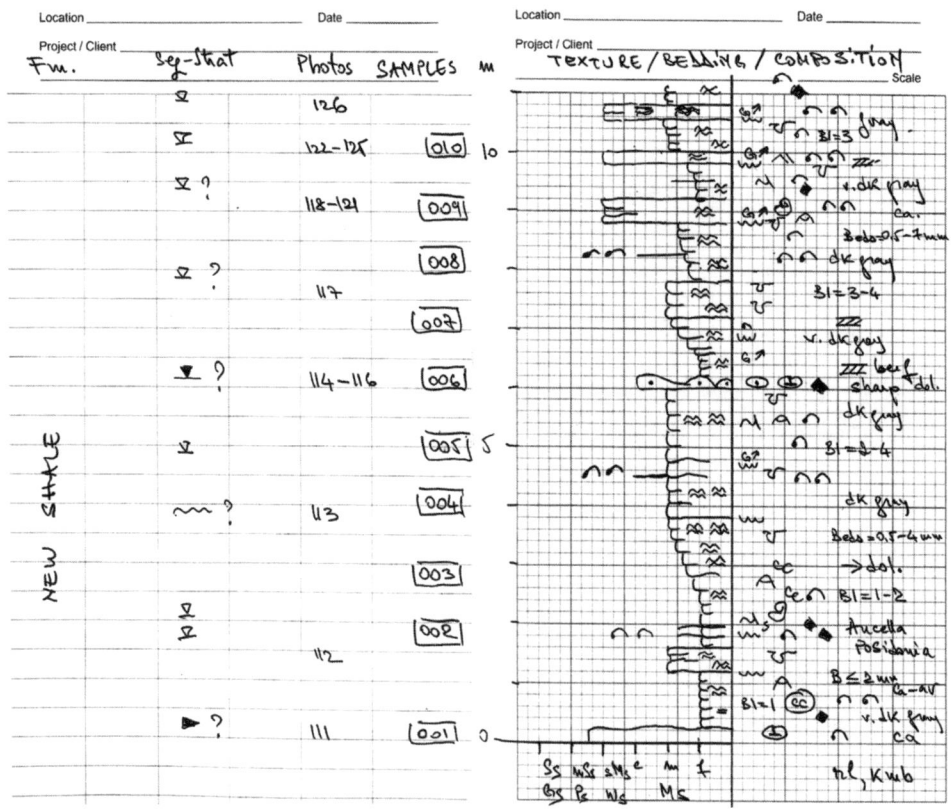

图 4.3　野外露头泥岩岩性描述示例图

（6）沉积记录完整性：相对连续或者幕式沉积。
（7）底水氧化还原条件：
①含氧量：氧气充足、不饱和、缺氧、无氧。
②持续时间：持续的、间歇性的、零星的。
（8）沉积环境：
①海洋：河流洪水、风暴潮、潮汐主导、大陆架近端、内侧、远端。
②大陆：
a. 湖泊：湖泊平原、潮上带、湖滨（近端、远端）、近湖滨（近端、远端）、湖泊深部（近端、远端）；欠补偿、平衡补偿、过补偿。
b. 冲积层，如洪泛平原、堤坝、河道充填。
c. 其他：风沙、冰川等。

4.2 泥岩岩心描述综合流程

4.2.1 岩心观察

4.2.1.1 检查岩心深度及岩心盒顺序

检查岩心取向是否正确。通常，在岩心右边有一条红线；右下为岩心底部，左上为岩心顶部。确定每一块泥岩岩心均按照地层序列摆放在岩心盒中。

4.2.1.2 清洗岩心

（1）确定岩心是否清洗整洁，在岩心描述开始之前必须将钻井液、油基钻井液盖层、风化层和灰尘清洗干净以获取新鲜面。
（2）使用橡皮擦、海绵、软刷子和水清洁岩心，尽可能减少水的使用并确保清洁岩心后立刻使用纸巾或空气干燥机干燥岩心，对整个岩心段拍照。

4.2.1.3 利用测井数据重复多次检查整个岩心段

（1）寻找厚度、结构、物质组成、连续性和沉积模式发生改变的地方；识别地质界面（如洪泛面或者侵蚀面）和地层。
（2）记录风化和破坏特征及其垂向分布。
①薄层中是否有风化或破损？含有贝壳状断面的厚层中是否存在风化现象？风化现象的变化界线在哪里？记录岩心上残留的钻井破坏痕迹（钻井破坏特征：冲刷、裂缝等）。
②岩心的整体颜色是什么？颜色由物质组成和风化程度决定。
（3）岩心深度与测井深度相互标定。在岩性突然中断（如洪泛面）及结核/胶结段使用（光谱）伽马射线剖面开展标定工作。同时，使用多种测井曲线（如电阻率、中子—密度等）辅助完成岩心观察描述。以测井曲线为标准，校正每一段岩心深度。
①通常情况下，测井曲线和岩心之间存在深度误差；不同岩心段深度误差不同。校正上述误差，确保岩心深度与测井深度一致。
②将岩心段标注在测井曲线旁边。
③先以岩心深度为基准开展岩心描述，然后将岩心深度校正到测井深度。

4.2.1.4 岩心描述

依照从下往上的顺序观察岩心段，重点描述泥岩结构、层理和物质组成，并识别、检测、描述地层单元及界面。在所有尺度下观察沉积和地层特征并对其拍照。

（1）泥岩岩性描述内容：结构、层理和组成。

①确定泥岩结构（粗、中、细粒泥岩）。

肉眼估计砂砾含量，并以百分比的形式表示。如果砂砾含量小于50%，该岩石可定义为泥岩，可以进行划痕试验以确定主要颗粒的尺寸。划痕试验是以锋利的钢材划过露头新鲜面，然后观察划痕的光泽和所产生粉末的颜色。

a. 划痕呈现明显蜡质光泽且粉末为深色表明露头中细粒物质含量超过2/3（称为细泥岩）。

b. 划痕呈现明显暗淡光泽且粉末为浅色表明粗粒物质含量超过2/3（称为粗泥岩）。

c. 划痕呈现中等光泽且粉末为中等颜色表明中等粒度的物质含量介于1/3~2/3（称为中泥岩）。

划痕试验的结果需要严谨的解释，这是因为胶结物、团聚颗粒、微晶石英的存在会导致错误的解释。胶结物会导致粗颗粒含量高估，团聚颗粒会导致低估颗粒尺寸，尤其当岩石含有泥质团聚颗粒时。微晶石英会导致高估颗粒尺寸（Milliken等，2012；Milliken，2013）。

如果薄片可用，则可进一步精确估计颗粒尺寸（如明确成岩作用和生物扰动作用对颗粒尺寸的影响）。建议在研究早期准备常规薄片以开展岩石结构划痕测试评估与对应微观评估结果的对比。如果没有样本大小限制，建议制作大抛光薄片（76mm×48mm）。

②岩石层理描述。在毫米、厘米到分米尺度下，地层之间如何接触？

a. 识别和描述纹层和层。

i. 记录纹层连续性、形状和几何形状。

ii. 识别层边界。层界面可通过追索地层终止端（如界面以下的削截现象，以及上超、下超现象）、生物聚集和地下洞穴及岩相变化来确定。

iii. 泥岩层理厚度通常为毫米到厘米级别（一般为1~4mm），往往由成因相关的纹层组成。

iv. 你能看到"条带状"？分米尺度下的带状风化通常与黏土和有机物含量准周期变化有关，而黏土和有机物含量则与富有机质岩和富含黏土矿物的软夹层有关（黏土矿物仍然是碳质的；Jaminski等，1998；Schieber，Lazar，2004）。

b. 描述物理成因的沉积结构（原生、次生）。

i. 记录原生沉积结构（如流水波痕、浪成波痕、递变层、冲刷层理等）。

ii. 记录次生沉积结构（如褶皱、微裂缝、水、泄水构造等）。

iii. 描述沉积结构的丰度，如无（0）、极稀少（0~10%）、稀少（10%~20%）、少（20%~40%）、正常（40%~60%）、丰度（60%~80%）和极丰富（80%~100%）。

c. 描述生物成因的沉积结构。

i. 记录类型、大小、多样性和洞穴分层。

ii. 依据表4.2，量化评估生物扰动指数。在泥岩地层完全均质化的假设下，生物扰动程度差异较大，从没有肉眼可见的洞穴到没有剩余层理结构。泥岩中的生物扰动作用往往不易察觉；不要期望遇到教科书式的遗迹化石，实际中，由于洞穴骨架与填充物在物质组成与流变特征差异较小，洞穴往往不易识别。在泥岩压实之前，底栖生物不仅在泥岩沉积物中打洞，而且会借助沉积物含有大量的水（70%~90%）在其中游来游去，此类活动在扰动沉积物骨架的同时也形成了许多变形构造（Lobza，Schieber，1999；Schieber，2003）。

d. 描述实体化石的类型、大小、多样性、分布、保存情况和埋存。

i. 野外看到的化石可能是破碎的，或者明显保存在新鲜面上，或者集中保存在滞后沉积中。这类化石包括：双壳类（如 Inoceramus）、腕足类（*Lingula*，*Orbiculina*）、腹足类、头足类、棘皮动物、触须动物、花柱动物、泪囊动物、牙形刺（毫米—亚毫米级）、有孔虫、鱼鳞和骨骼碎片及小的（<5mm）椭圆形和双瓣产碳质植物（*Protosalvinia*）、藻囊（*Tasmanites*），以及树木碎片（*Callixylon*）等。

ii. 利用物理成因的沉积构造描述量化实体化石丰度。

iii. 化石埋藏研究范围包括化石保存最差到保存最完整。一个贝壳类的保存状态、朝向和包裹物可用1~6的6个尺度来衡量。具体包括粉碎（6）、断裂（5）、脱节和对齐（4）、脱节且随意分布（3）、聚集在一处（生物尸体堆积）（2）和共同生活在一起（生物群落，1）。

e. 描述化学成因的沉积特征。

i. 结核或者固结物（如大小、朝向、所在地层位置、发育程度、物质组成）。

ii. 岩脉，测量岩脉宽度、长度（是否扭曲）、走向；是垂直发育，水平发育还是倾斜发育？描述脉状填充情况（如石英、方解石、白云石、沥青）。

③确定物质构成（如硅质、钙质、泥质、碳质等）。

a. 进行划痕试验后，在划痕、粉末和邻近新鲜面滴下稀盐酸，并观察反应活力以评估是否存在碳酸盐和所含碳酸盐的类型。

b. 观察一般裂缝的特征、光泽、颜色，鉴定主要矿物。

c. 描述碎屑、生物和自生组分（如胶结物、结核、固结物；图1.4）。

d. 描述有机质类型（如无定形的、藻类的、草本的、木质的、煤质的；可能对成熟过程中的有机碳组分有贡献的流动液体）及其分布。

如果有可用薄片，即可进一步识别岩石的物质组成（如可区分单个颗粒和胶结物）。

（2）识别和描述地层单元（如准层序、体系域、沉积层序）和关键地质界面（如层序界面和洪泛面）。

①识别和描述地层单元。相组合叠加成具有特征明显并形成准层序的相组合序列。准层序是一系列成因相联系的地层和地层组合。这些地层或者地层组合由非沉积界面、局部侵蚀面及与之相关的界面所限定，叫作"准层序边界"（Van Wagoner 等，1998；Bohacs，1998；Bohacs 等，2014）。许多沉积环境均可形成准层序（Van Wagoner 等，1990；Bohacs，1998；Abreu 等，2010；Bohacs 等，2014；Lazar 等，2015）。准层序是沉积序列的基本组成单元。

②识别和描述地层界面（如洪泛面、层序界面）。

a. 注意地层削截现象。

b. 注意泥岩地层之间突变接触现象和侵蚀现象。

（3）取样。在岩心和测井曲线上确定的所有岩相地层获取代表性岩样。

（4）野外观察、描述及解释成果记录。

①制定合适的表格格式，可依据所研究泥岩地层和研究目标进行修改和调整，以具体反映研究项目的目标、预算和时间安排的可行性。表格格式至少应包括以下内容：

a. 单独罗列观察信息和解释成果。

b. 突出数据趋势（表格不是简单的罗列数据）。

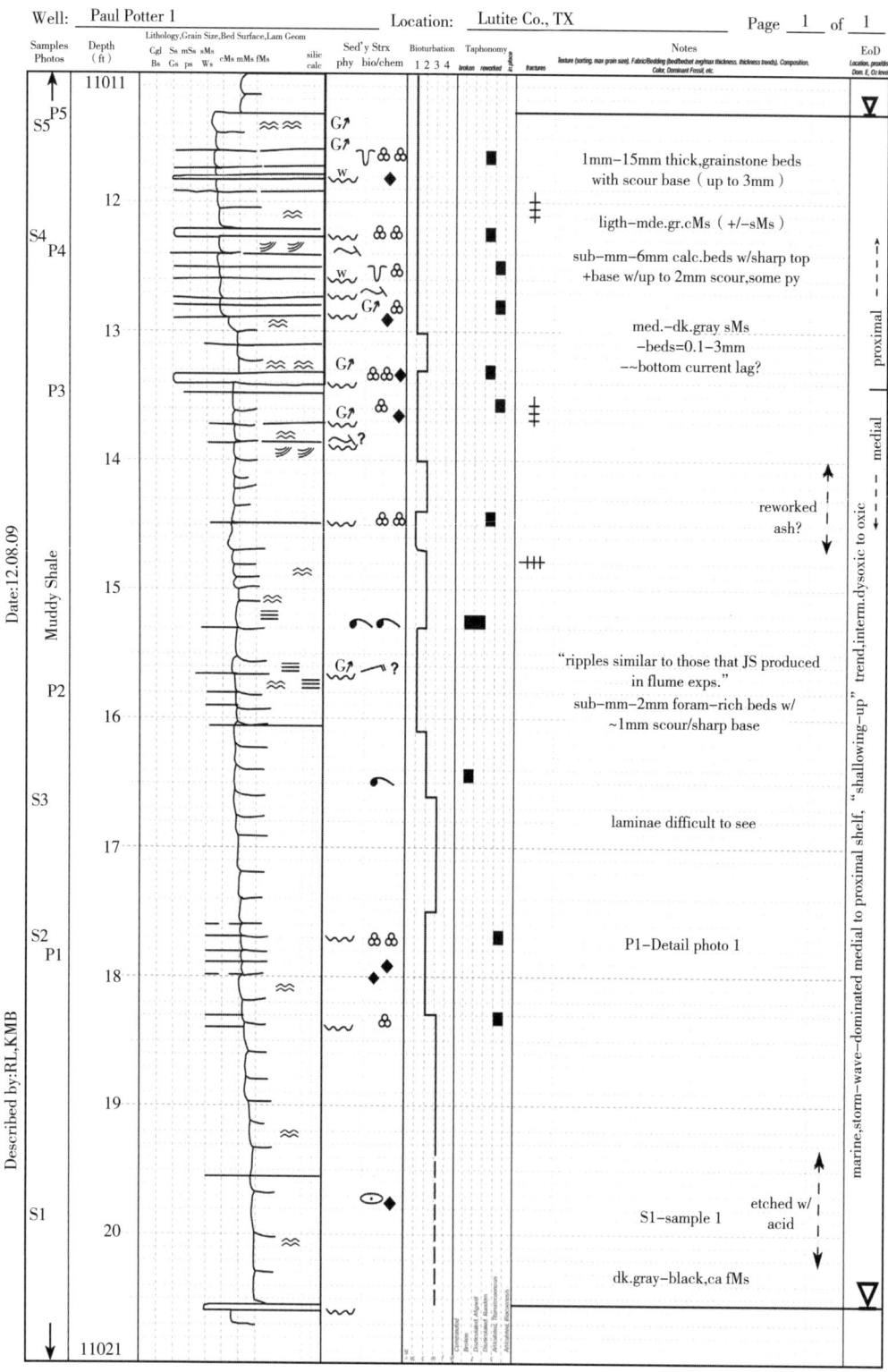

图 4.4 泥岩岩心描述示例图

c. 提供"辅助备忘录"或者展示关键数据属性描述。

②进行观察和解释时要对记录内容的准确性进行评估（是否正确、可能、不可能?）。

③可使用类似 WellCAD 之类的软件获取泥岩岩心描述。

④所有识别出的相（包括常见的和不明显的相）和相组合，以及值得注意关于泥岩物理、化学和生物方面的特征均需要拍照留存。同样，对所有关键地层单元、界面和露头全貌均拍照留存。

⑤有用提示：

a. 上述步骤仅供参考——实际应用中需根据自身工作经验确定合适的工作流程。

b. 开始工作前，优先整理自己的工作箱，包括背包、地质锤、指南针、手杖、手动镜头、照相机、酸瓶（10% HCl）、刮刀（尖钢探针）、刷子、凿子、铅笔刀、胶带、尺子、粒度图、样本袋、铅笔、记号笔、野外笔记本、夹板；本书相关表格和附录文本复印件、小急救箱、哨子、手电筒等。

c. 数据备份——制作野外露头描述的文本和数字拷贝件。

4.2.2 解释工作

（1）开展解释工作之前尽可能收集相关数据，包括露头描述、岩心和薄片描述及解释成果、测井数据和地震数据。对不同地层单元（纹层、纹层组、层、层系、准层序、准层序组、层序、明显地层边界）进行解释。

（2）重点解释内容（Bohacs 等，2005，2014；Lazar 等，2015）：

①沉积物主要来源：碎屑（直接来自陆地）、生物（浮游、底栖、陆原）、化学。

②沉积物沉积模式：牵引流、泥沙重力流、悬浮沉降。

③主要流体模式：单向稳定、单向不稳定，震荡。

④物理改造模式：波基面上下、水流改造等。

⑤沉积物沉积速率：快、中、慢。

⑥沉积记录完整性：相对连续或者幕式沉积。

⑦底水氧化还原条件：

a. 含氧量：氧气充足、不饱和、缺氧、无氧。

b. 持续时间：持续的、间歇性的、零星的。

⑧沉积环境：

a. 海洋：河流洪水，风暴潮，潮汐主导，大陆架近端、内侧、远端。

b. 大陆：

i. 湖泊：湖泊平原、潮上带、湖滨（近端、远端）、近湖滨（近端、远端）、湖泊深部（近端、远端）；欠补偿、平衡补偿、过补偿。

ii. 冲积层：例如洪泛平原、堤坝、河道充填。

iii. 其他：风沙、冰川等。

4.3 泥岩岩心描述记录表格

建议使用本节提供的表格来记录泥岩岩心观察成果（图4.5）。图4.6包含泥岩结构、层理和物质组成描述指南及常见物理、生物和化学沉积特征符号，还包含一个以0~5表征生物扰动程度的表格（Lazar等，2010，2015；Reineck，1963；Potter等，1980；Droser，Bottjer，1986；Taylor，Goldring，1993；；Aplin，Macquaker，2010），沉积丰度描述符号，常见痕迹化石（Pemberton等，2001），表征黄铁矿的符号和泥岩常见颜色示例（GSA颜色图之后）。

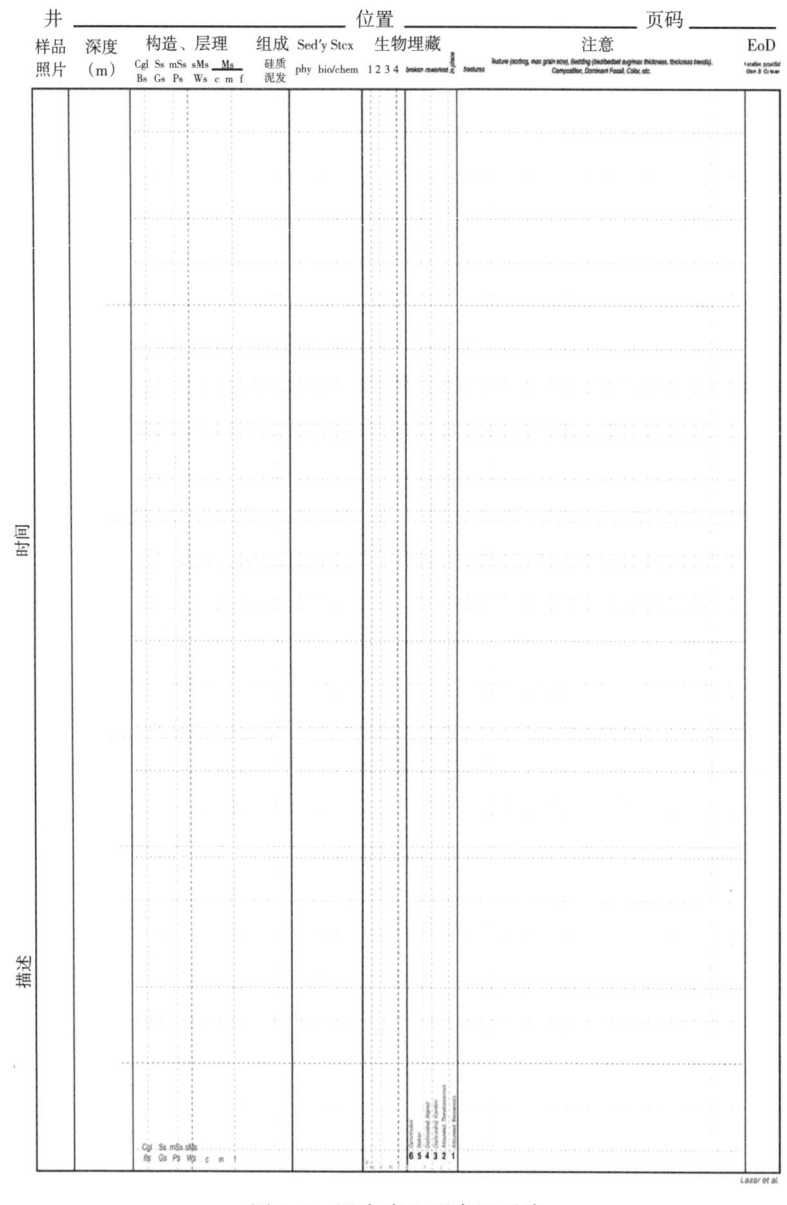

图4.5 泥岩岩心观察记录表

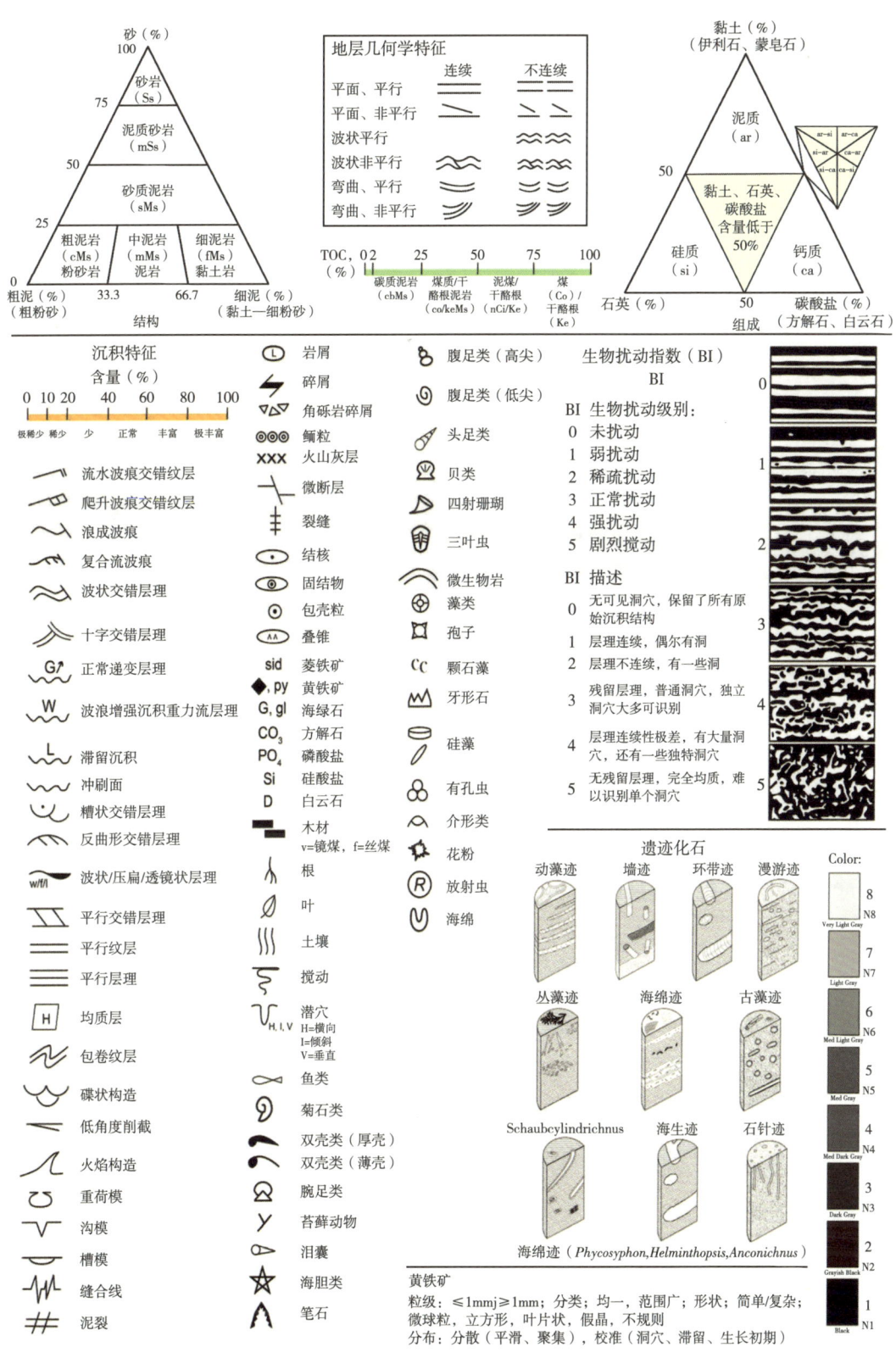

图 4.6 泥岩结构、层理和物质组成（据 Lazar 等）

4.4 取样

详细而系统地观察泥岩结构、层理、物质组成和沉积方式在横向及纵向上的变化，并获得合适且具有代表性的岩样。图 4.7 和表 4.3 中介绍了可用以在野外露头和岩心中获取泥岩岩样的三种方法。此外实际取样时需遵循下列的取样说明：

(1) 针对所有通过露头、岩心和测井数据识别出的岩相获取具有代表性的岩样。
(2) 避免选择性抽样（如不要选取只富含有机质的岩样）。
(3) 样品数量多于实际需求数量。如果野外露头位置较远，则需要采集足够多的样品以避免事后重复采集导致的时间和成本浪费。采样原则是每隔 1m 采集一块岩样，额外的岩样可用于后续岩样分析。
(4) 野外露头：确定并检查代表所有岩相和潜在地层单元的新鲜面；细粒沉积岩往往会受到严重的风化作用，为此需要针对风化岩石开展大量挖掘和切割工作以获得一个新鲜面和岩样。
①保护野外露头和周围地质环境以方便以后的研究。
②尽力获取至少数厘米厚且满足实验室消除岩样风化层需求的岩样。
③使用胶带将岩样碎片固定在一起，以便以后的分析。用铝箔包裹露头样品，防止样品运输过程中破坏岩样。
(5) 岩心：清洁岩心，以去除钻井液、油基钻井液盖层、风化层和灰尘以获得新鲜面。如果可能，不要以整个岩心段作为岩样，尤其在对应岩心泥岩描述没有完成前。
(6) 理想中，一个岩样应当满足以下条件：
①制作较大的抛光薄片（76mm×48mm；约 3in×2in）；
②开展综合分析工作：矿物学（X 射线衍射分析）、元素组成（如总碳 TC、总有机碳 TOC、Al、Si、Ti、K、Fe、U、Th、V、Ni、Co、Mo、成熟石油潜力镜质组反射率）和孔隙度—渗透率。采样不足可能导致分析误差，例如在 TOC 和 HI 值的估计中出现数量级误差。
(7) 岩样中煤或者植物碎屑中的煤矸石开展镜质组反射率测试。
(8) 泥岩的颜色变化很大，可以是黑色、灰色、绿色或棕色等多种色调，其中棕色是多种色彩混合而成。由于泥岩经过风化，所以颜色改变较大，不唯一。富含有机碳的岩石通常为暗巧克力棕色（5YR3/4 -5YR2/1）。灰色或绿色泥岩通常贫有机碳。具有高含量浸染黄铁矿的泥岩通常为灰黑色到黑色（N2-N1）。

有三种简单实用的方法：
(1) 统一样品取样间距：样品深度间隔要有规律，而不需要考虑岩性变化。
(2) 调整样品取样间距：调整样品取样间隔并忽略非烃源岩，还要包括所有在统一样品取样间距时忽略的重要地层。
(3) 固定厚度样品间距：特殊层需要单独进行取样鉴定，每层以规则的厚度间隔从底（或顶）开始取样测试。

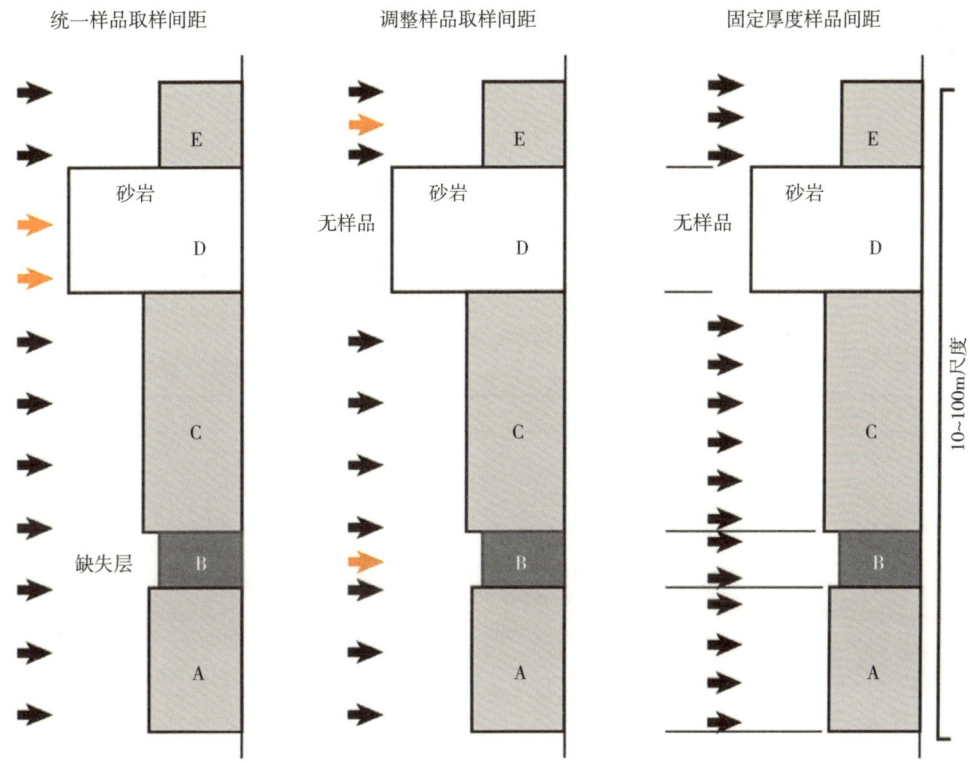

图 4.7 岩心或露头取样方法

表 4.3 岩心或露头取样方法对比

方法	优点	缺点
统一样品取样间距	简单易操作，偏差小	不能包含所有层位；有可能缺失薄的但重要的层位
调整样品取样间距	能够包含所有层位，可以忽略所有非烃源岩层	需要地质解释；花费时间更长
固定厚度样品间距	能够整合地质知识，包含所有重要的层位，总体表现最佳	需要地质解释；可能会存在操作偏差；有可能不能取准层底样品

4.5 薄片中泥岩关键性质模板

建议使用其中一个样板（图 4.8~图 4.11）作为薄片观察中描述泥岩属性的模板。当然，这些样板也应该根据特定的项目进行修订（薄片照片据 Passey 等，2012）。

地层名称，岩心/露头 ID，深度/海拔（ft/m），位置

岩心扫描	
岩心/露头（光谱） GR；样品 位置	放大岩心（光学/电子显微镜）

年代：
结构：
地层：
　地层底/顶：
　地层数量（平均）：
　地层厚度（平均）：
　纹层：连续/不连续；板状/曲线/波状；平行/不平行[c/d; pl/cu/w; p/np]
物理沉积构造：
组成：
　有机质类型和分布：
　TOC：wt%
　HI：mg/g
成岩作用产物：
　胶结物：
　结构：
生物扰动指数：
痕迹化石：
实体化石：
其他

图 4.8 样板 1

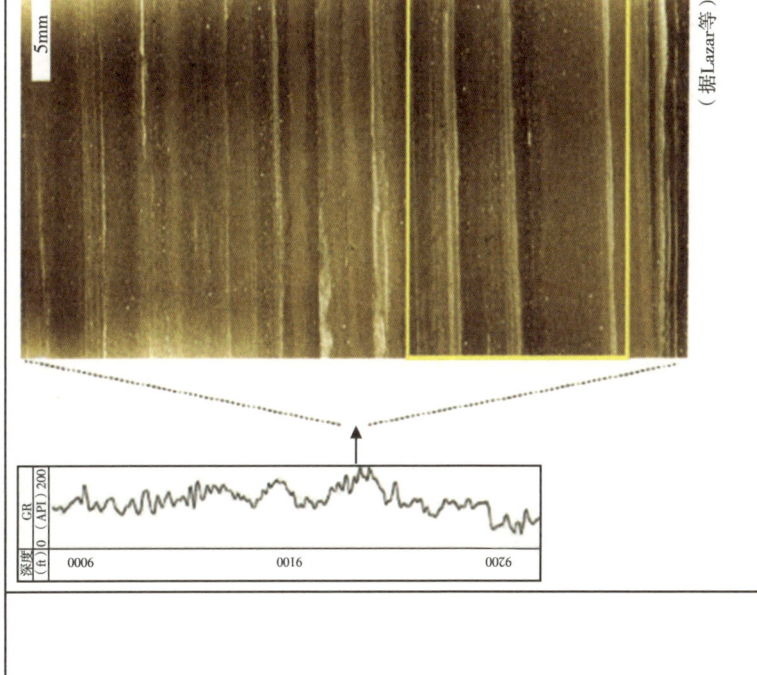

泥质页岩，探井x-1，9140ft，Lutite Co.,Tx

年代：白垩纪
结构：细类泥岩，很少粗粒泥岩和砂质泥岩地层
地层：
　地层底/顶：尖虫孔
　地层数量：21
　地层厚度（平均）：1.9mm
纹层：不连续/平行/平行，不连续曲线/不平行
物理沉积构造：正粒序，冲刷面，均质地层，不连续曲波浪增强形成沉积重力流地层
　内部亮黄色由波浪增强形成沉积重力流地层组成
组成：硅质一泥质
有机质类型和分布：非结晶，分散的
　TOC：3.3%（wt）
　HI:220mg/g
成岩作用产物：
　胶结物：石英，方解石，少量黄铁矿
　结核：
生物扰动指数：2（从1到3垂向变化）
遗迹化石：
实体化石：
其他：岩心厚度变化：没有放大薄片照片
相：不连续板状粒泥岩和砂质泥岩地层不平行，薄层，硅质一粘土，含碳细粒泥岩
解释：海相，中等，风暴一波浪为主的陆架，持续缺氧（同欠氧化）
很少粗粒泥岩和砂质泥岩地层

（据Lazar等）

图 4.9 实例 1

地层名称，岩心/露头 ID，深度/海拔（ft/m），位置

岩心/露头（光谱）GR：	岩心扫描
岩心露头位置	
样品位置	

年代：
地层：
 地层底/顶：
 地层数量：
 地层厚度（平均）：
结构： 纹层：连续/不连续；板状/曲线波状；平行/不平行
组成：
生物扰动指数：
相类型：
解释：

图 4.10 样板 2

泥质页岩，探井x-1，9140ft, Lutite Co.,TX

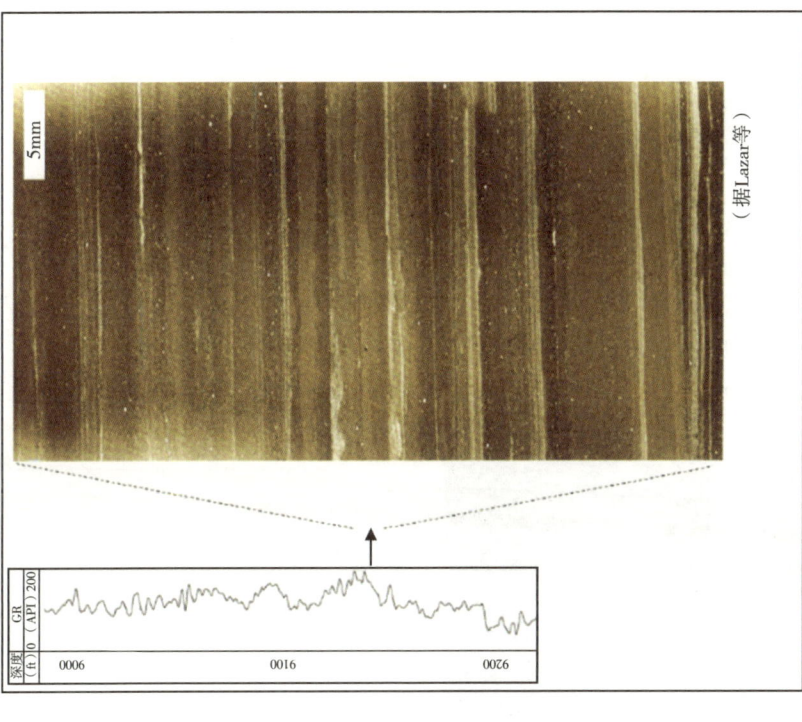

（据Lazar等）

年代：白垩纪
结构：细粒泥岩，极少粗粒泥岩和砂质泥岩地层
地层：
　　地层底/顶：尖虫孔
　　地层数量：21
　　地层厚度（平均）：1.9mm
　　纹层：d/p/p, d/不 cu/np
组成：硅质—泥质
生物扰动指数：2（从1~3垂向变化）
相：不连续板状平行到不连续曲线不平行，薄层，硅质—泥质，含碳细粒泥岩，很少粗粒泥岩和砂质泥岩地层
解释：海相、中等，风暴—波浪为主的陆架，持续缺氧（间歇氧化）

图 4.11 实例 2

4.6 交代作用、胶结物和结核分析

交代作用：不能直接使用（不适合沉积改造）或者单独使用，需要同露头、岩心或薄片中物理、生物和化学特征综合利用。

原始交代率：交代率变化随有机物保存而波动。

碎屑稀释交代：

（1）Ti/Al 比值：比值高代表风成或者相对海平面下降期间临近河流相物源；比值低代表饥饿沉积或者浓缩。

（2）Si/Al 比值：比值高代表风搬运到盆地沉积中心的石英粉砂增加（更干旱）上升。

岩相学：黄铁矿粒径分布及平均直径（薄片：光学和电子显微镜）如图 4.12 所示。黄铁矿直接形成于封闭水体之中（$+H_2S$；$-O_2$），并且分布范围窄（$<5\mu m$）（表 4.4）。

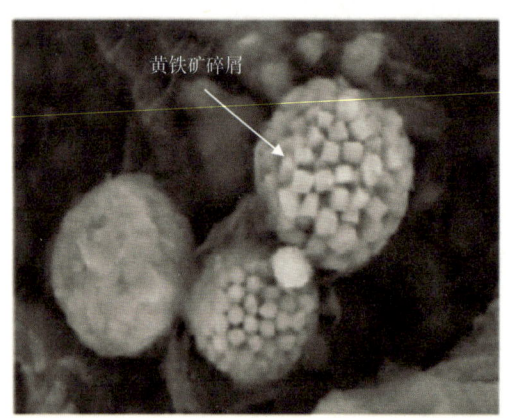 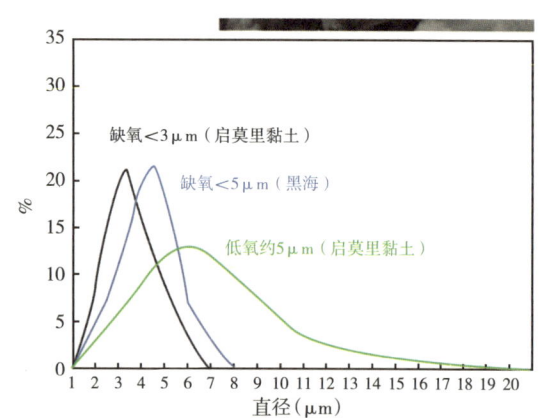

图 4.12 黄铁矿粒径分布图

表 4.4 FeS_2 结晶形态和解释

形态	解释
极小黄铁矿球粒（$\leq 5\mu m$），分散	持续缺氧——硫化水（硫酸盐和铁过饱和）
小黄铁矿颗粒（$\leq 0.1mm$），分散	缺氧为主——硫化到少量氧化沉积孔隙水
小黄铁矿颗粒（$\leq 1mm$），沿层理或者纹层面排列	持续缺氧/低氧沉积环境之后的小到中等物理改造和沉积埋藏作用
中等，不规则黄铁矿结核（$<10\ mm$），矿化洞穴和介壳类物质	间歇缺氧——硫化沉积，很少物理改造，与相对较低沉积堆积速率相关（通常与饥饿型沉积相关）
中等，不规则黄铁矿结核（$<10\ mm$），矿化洞穴和介壳类物质及集中于剥蚀面之上石英颗粒、化石（骨骼、介壳、牙形石）	间歇缺氧——硫化沉积，广泛物理改造，与相对较低沉积堆积速率相关（通常与过路沉积相关）
大小不等黄铁矿/白铁矿结核或者胶结物：溶蚀黄铁矿心和白铁矿增大/交代结构通常集中于剥蚀之上	硫化孔隙水中黄铁矿沉积物如上；根据黄铁矿或者释放硫酸物分辨出露黄铁矿到氧化。孔隙水 pH 值下降，黄铁矿（部分）溶解，铁再次沉淀为外壳部分。在先存酸性孔隙水中重建硫化条件导致白铁矿沉积。大部分与典型地层界面之上（层序界面之上）沉积堆积处坡折带相关，此处为硫化—氧化分界面

形态	解释
大型（>10 mm），复合黄铁矿结核到地层面之下的相对广泛的结核	间歇性缺氧—硫化沉积，很少物理改造。一般与地层界面之上沉积物聚集坡折带及下伏铁和有机物富集带相关，主要发育在 FS，TS，（MFDLS）之下
生物扰动泥岩中完全黄铁矿化钙质介壳	间歇缺氧沉积，含生物有机质，相对好的铁供给，但是含硫少。黄铁矿化介壳可能被剥蚀、运移或者在泥岩中再次沉积
没有明显黄铁矿	持续氧化环境或者不充分：铁（陆源远端），或者硫酸盐（淡水），或者大量生物有机质（初始有机质产量低或者保存条件差，除了氧化条件），一般同相对浅水或者冷富氧底水相关
黄铁矿富集需要大量铁（陆源输入）、硫酸盐和相对较高 pH 环境中的生物有机质	低 pH 环境易形成白铁矿

地球化学特征：氧化还原敏感元素与碎屑组分中通常存在的元素的比率，不随氧化还原条件而波动（表4.5）。

表 4.5 地球化学古环境指标

底水氧化作用	地球化学古氧化还原指标的建议阈值（不需要严格按此操作；与岩心露头薄片观测相结合）					
	DOP	V/Cr	V/(V+Ni)	Ni/Co	U/Th	Mo/Al
缺氧（0mLO$_2$/L H$_2$O）						
低氧（0~2mLO$_2$/L H$_2$O）	0.75	4.25	0.57	7	1.25	高
富氧（>2mLO$_2$/L H$_2$O）	0.42	2.00	0.46	5	0.75	

泥岩成岩作用：存在早期"胶结"=沉积中断（面）；早期胶结范围=沉积持续中断；早期胶结组成=与沉积环境、界面类型相关（图 4.13）。

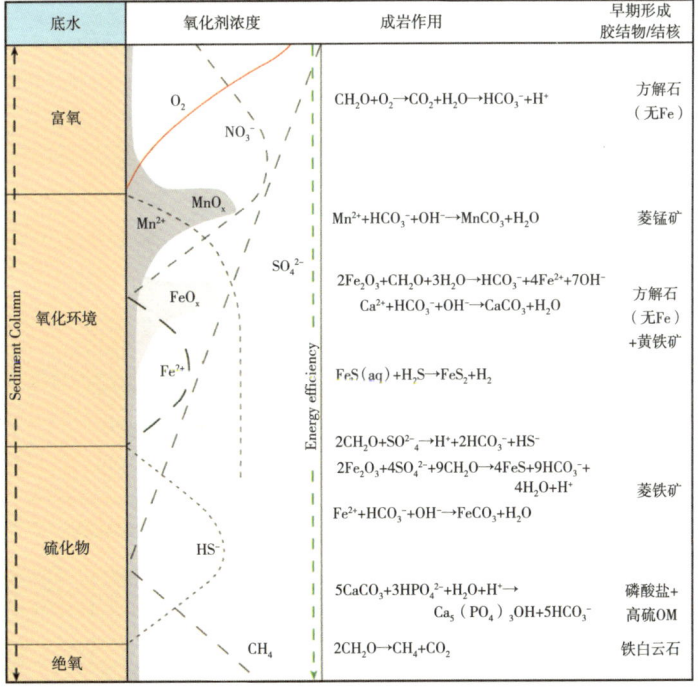

图 4.13 泥岩成岩作用

早期形成胶结物/结核：

一般在 TS，MFDLS，SB 之下。

白铁矿边缘：间歇性氧化。

黄铁矿边缘：方解石结核。

物黄铁矿边缘：白云石结核。

胶结程度↓

未固结	松散
极破碎	破碎
破碎	碎裂
中等硬度	易破裂
非常坚硬	不易破裂
极硬	不能破成颗粒

结构： 无构造，内部结构均质；可推移。

固结物： 同心内部结构，孔隙充填，核周围沉积（通常为化石或者岩石碎片）。

随着沉积速率下降磷酸盐发育：独立颗粒—球状粒（P 型）—分散结核—排列结核（F 型）—改造结核—硬灰岩层（D 型）（图 4.14、表 4.6）。

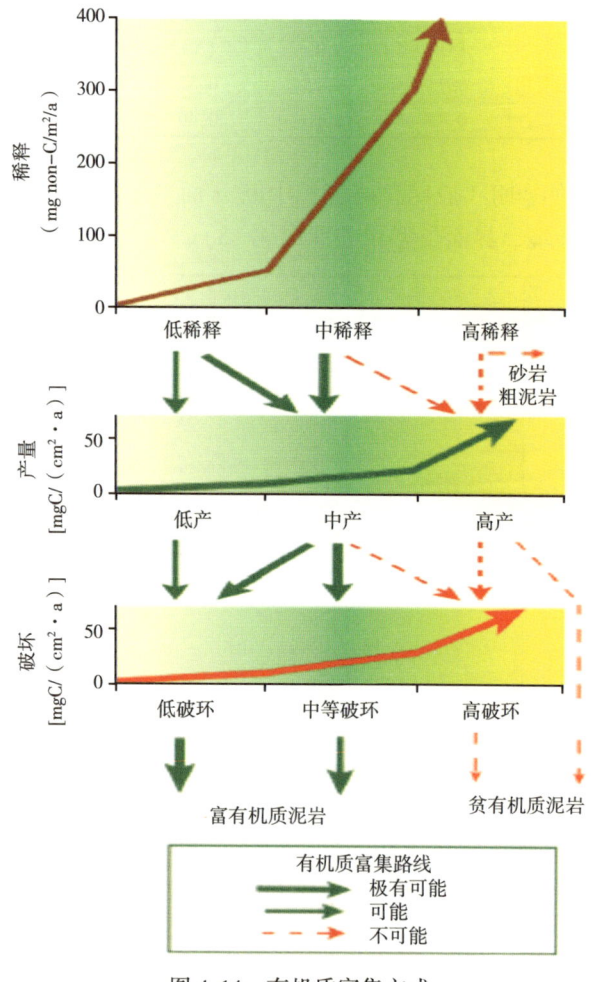

图 4.14 有机质富集方式

表 4.6 海相泥岩压实前（颗粒间体积大）胶结或者结核典型地层条件

胶结/结核类型	Eh①	OM②	陆源成分	沉积速率	氧化剂/呼吸路径	沉积深度④	一般位置⑤	形成条件总结
方解石	高	生物	变化较大	低	O_2	浅	SB，(TS)	氧化条件
方解石/[白云石（无二价铁）+黄铁矿]*	持续低	大量生物	大量	持续低	SO_4^{2-}, Fe^{3+}③	浅	**FS**⑥, MFDLS, (TS)	大量生物有机质和大量铁（源于碎屑或者风成输入）能够减少硫化物的存在；白云石中无硫酸盐
含二价铁白云石	持续低	大量生物	变化较大	持续低	甲烷生产作用	中到相对较深	**FS**, MFDLS, (TS)	如上，但是在 SO_4 减少区域之下沉积"稳定"区更深，也就是说沉积改造很少或者沉积相对较远
磷酸盐**	间歇性低	大量到常见，生物	很少	低至极低沉积	O_2/H_2S 分界面	大部分浅	FS, **MFDLS**, (TS)	远端区域富含新鲜 TOC，但是陆源碎屑很少（PO_4 来自 OM 降解）；大量富集的 PO_4 结核指示沉积速率低
菱铁矿	间歇性低	稀疏的，没有生物（难溶物质）	丰富	低沉积速率（改造很常见）	Fe^{3+} (SO_4^{2-} 未减少)	浅	SB, (TS), (LST)	在海相 EODs = 低氧环境，OM 保存差以及沉积速率低（典型沉积改造）。注意：形成菱铁矿非常复杂，并且通常为埋藏胶结
二氧化硅（生物—蛋白石到石英燧石条带）	低到中等	常见到丰富（高产量）	极低到低	中等到低	（无 Fe）	中等到极深	FS	玻璃质燧石表明低 pH 值，低陆源物质输入[生物蛋白石到方石英到石英，伴随溶解和再沉淀作用，因此缺乏陆源 Al 和 Fe 条件下形成的纯燧石（容易形成自生黏土矿物）]

* 黄铁矿形态 =f（硫化物生产率），如硫酸盐和铁过饱和[=f（OM，SO_4）]；微球粒>自形>包裹层/交代物。

** 沉积速率下降磷酸盐形态：独立球状粒—集中球状粒—独立结核—集中结核—胶结结核—改造胶结结核。

①Eh = 氧化状态 =f（氧气供给/氧气需求）；低 Eh = 减少条件，主要为有限氧扩散（限制，层理）及高 OM 浓度对氧高需求。

②OM = 有机物；生物活性 = 新鲜的，富氢；难降解（低生物活性）= 风化、改造，贫氢。

③Fe = 生物铁；大部分氧化铁或者土壤和岩石中氢氧化铁等风化产物通过河流或者风成作用搬运至海相陆架区域；陆相碎屑物质的交代作用。

④沉积深度：总的来说，浅<0.3m；深>1m。

⑤FS = 洪泛面；MFDLS = 最大洪泛下超面；TS = 海侵面（低位体系域顶部）；SB = 层序界面。

⑥加黑字体 = 很常见，带括号 = 有时。

4.7 海相泥岩沉积

泥岩是地球上的主要沉积产物（Potter 等，1980；Stow，1981；Blatt，1982）。本书所提到的泥岩在薄层至层组范围内物性、生物起源和化学属性均具有不同的特征。在很多海相沉积环境中可见泥岩沉积，如滨岸、外滨、陆架近端和远端、陆架斜坡上部和下部、盆地底部（图4.15）。形成的泥岩属性受沉积环境变化影响。这些变化包括碳、硅、氧和硫的循环，深海和底栖生物发展变化及相互作用，有机物消耗，碳酸盐岩和硅酸岩溶解，陆地来源碎屑物质汇聚，早期和晚期成岩作用。

这些泥岩结构、层理、组成和沉积特征形成广泛差异，虽然难以观察但在很多海相环境中能够得以识别（图4.15~图4.17；Schieber，1990；Schwalbach，Bohacs，1992；Macquaker，Gawthorpe，1993；Schieber，1994a；Bohacs，1998；Macquaker 等，1998；Schieber，1998a；Bohacs 等，2005；Potter 等，2005；Lazar，2007；Macquaker 等，2007；Schieber 等，

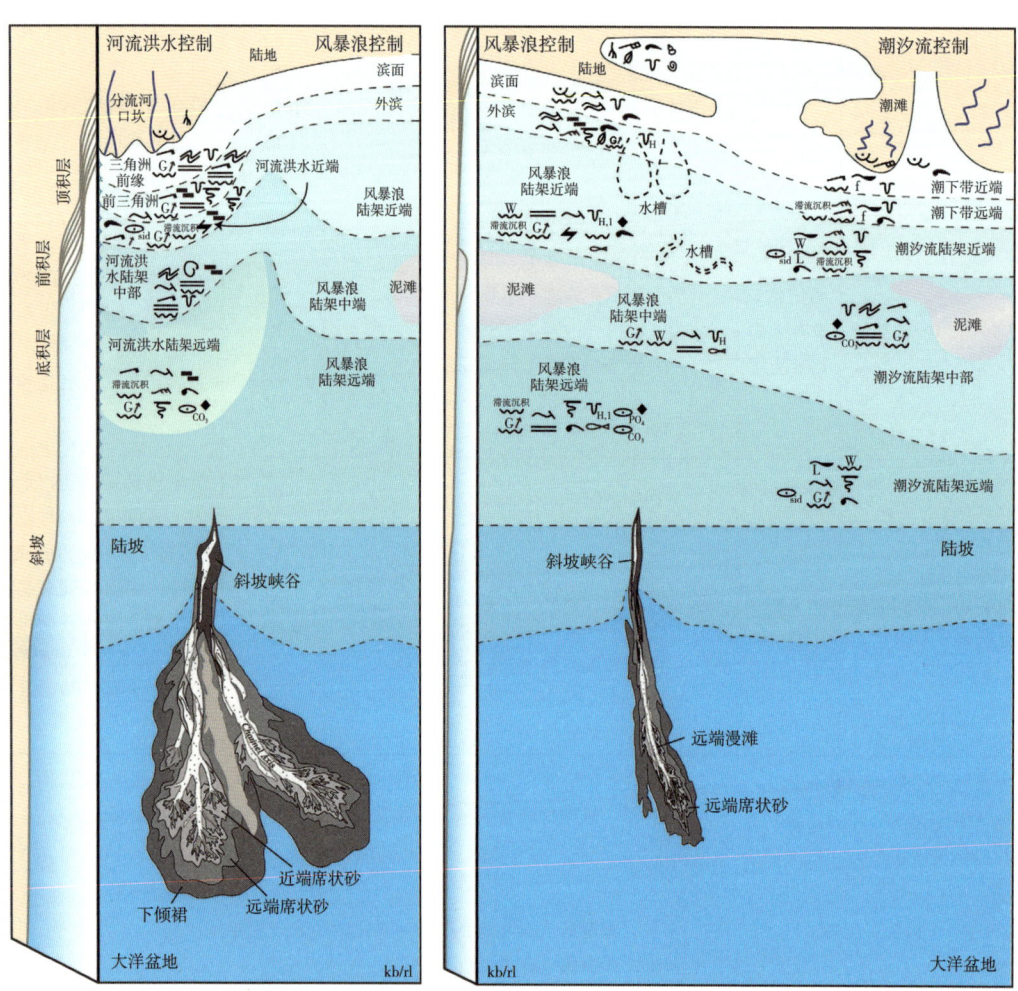

图 4.15 海洋沉积环境示意图（据 Bohacs 等，2014）
注意空间分布示意图来源于陆架泥岩最常见的具有代表性的沉积属性，模式根据现代沉积特征总结，
可能有大致的与岸线类型对应的陆架区域，与海岸平行横向变化

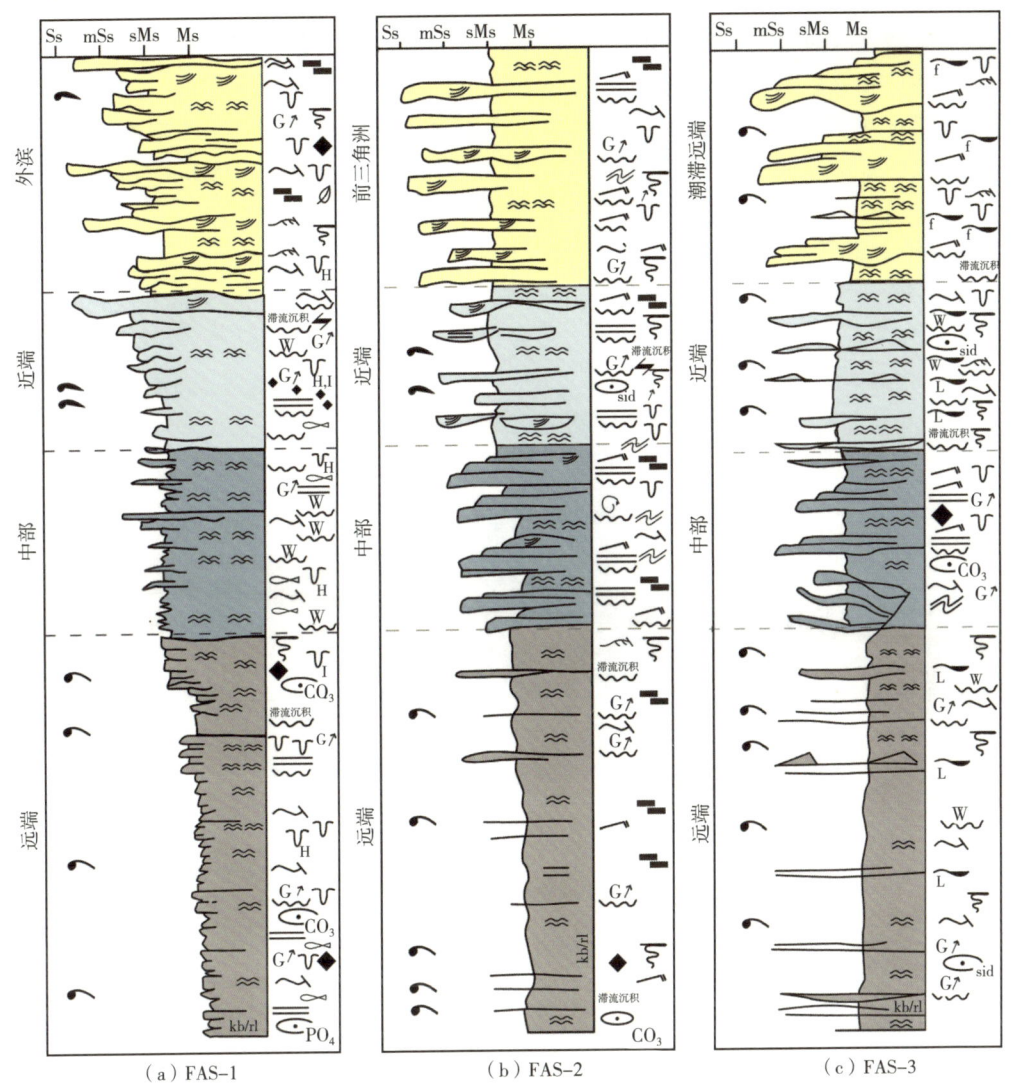

图 4.16 每个陆架泥岩相相关序列（FAS）及沉积环境的常见旋回示意图（据 Bohacs 等，2014）
(a) FAS-1，风暴波浪为主的陆架环境；(b) FAS-2，河流洪水为主的陆架环境；(c) FAS-3，潮汐波浪为主的陆架环境
在三叠系之上底部地层浮游二氧化硅或者碳酸盐岩更为常见；近端、中部和远端是指离海岸线相对距离；不同环境
或者背景，实际距离可能变化较大；Ss=砂岩；Ms=泥岩；m=泥质的；s=砂质的

2010b；Aplin，Macquaker，2011；Bohacs 等，2014；Lazar 等，2015）。识别泥岩的结构、层理、组成细节至关重要，因为这些属性结合生物扰动作用的程度及化石和遗迹类型与数量及成岩产物有助于解释泥岩在不同的低氧环境中聚集的控制作用。例如，泥岩层理可用于研究沉积物源，沉积点距物源供给点之间距离，水体能量等级，以及岩石孔隙度和渗透率等属性特征。地层记录沉积供给、聚集、底栖生物能量及有机质沉积破坏作用之间差异。泥岩组成深受沉积过程和沉积后物理、化学及生物过程相互作用控制。最终形成泥岩物质运移至盆地内（如风化产物和高等植物碎片），在盆地内沉积（如部分生物软、硬部分），经历成岩作用变化。生物扰动强度是沉积速率、氧化程度、可获得营养物质及基底流变学特征的综合函数。值得注意的是，在成岩作用早期出现结核发育程度和组成表明沉积中断，并为沉积中断

持续时间及沉积环境特征研究提供线索。

海洋泥岩成因研究目前经历了一个很大转变。泥岩通常保存为黑色、均质、无构造、块状、无特征和叠层特征，一直被认为是长期静止的远端深水沉积物，通常发育于缺氧和闭塞的底水沉积环境中，由悬浮物质为主沉积所形成。根据野外露头及岩心观察（Macquaker，Gawthorpe，1993；Bohacs，1998；Macquaker 等，1998；Bohacs，1998；Schieber，1994 a，1994 b，1998 a，1999；Lazar，2007；Bohacs，Lazar，2010a，2010 b；Macquaker 等，2010 a，2010 b，2010 c；Schieber 等，2010；Lazar 等，2015），结合近年来实验数据（Schieber 等，2007；Schieber，Southard，2009；Schieber，Yawar，2009；

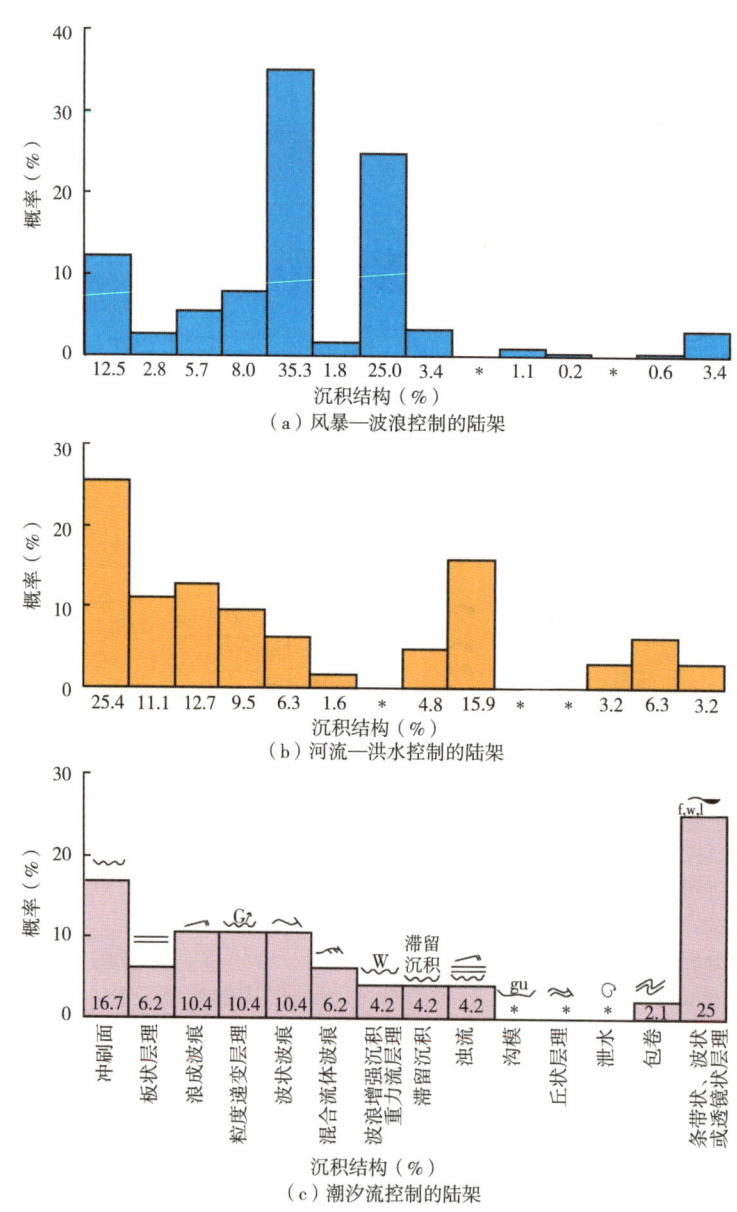

图 4.17　陆架泥岩中沉积结构相对富集标准化图（据 Bohacs 等，2014）

星号表示<0.01%；WESGFD=波浪增强沉积重力流地层；F/W/L=条带状、波状或者透镜状

Schieber，2011a）表明，很多以前描述为层状泥岩可能不是悬浮物质持续沉积的结果，而是粉砂或者更大粒度颗粒（絮状物）在间歇高能环境和间歇缺氧环境中由底部负载或者密度悬浮的横向运移形成的薄层（1~4mm厚地层）不连续沉积聚集。因此，从薄层中识别并区分层理至关重要，这为区分沉积作用为连续性还是间歇性提供了重要依据。

如上所述，海相低氧环境包括陆架、斜坡和盆地（图4.15）。尽管引发了近年来美国能源革命的泥岩形成于陆架环境，但是有关陆架泥岩的报道和定量对比很少。泥岩作为油气及金属矿产的源岩、储层及盖层，对其特征、质量及分布预测有助于了解陆架泥岩。Bohacs等（2011，2014）认为泥岩可以在风暴浪、河流洪水或者潮汐作用为主的陆架区域近端、中部和远端地区发育（图4.15~图4.17）。在这些环境中，细粒沉积物由不同机制运移并沉积在相对浅的、变化的高能含氧水体之中。泥岩序列形成三个不同垂直特征相剖面，这些相的物理、生物和化学特征不同（图4.16；Bohacs等，2014）。这三个相序列为亚层序，同陆架沉积区域地貌特征相关（Bohacs等，2014）。识别这三个相序列可以从泥岩中得到大量的信息，这些信息可用于解释泥岩地层。

4.8 泥岩层序地层学

泥岩属性受地层沉积环境控制在横向和纵向从毫米级到千米级尺度内发生系统变化（Bohacs，Schwalbach，1992；Bohacs，1998；Schieber，1998a，1998b，1999；Bohacs等，2005；Macquaker等，1998，2007；Lazar，2007；Bohacs，Lazar，2010a，2010b；Bohacs等，2014）。可以用层序地层学方法解释这种系统变化。本节提供了一个层序地层的简要介绍，包括地层终止主要类型（或者反射）、堆积模式、体系域和边界面（图4.18）、地

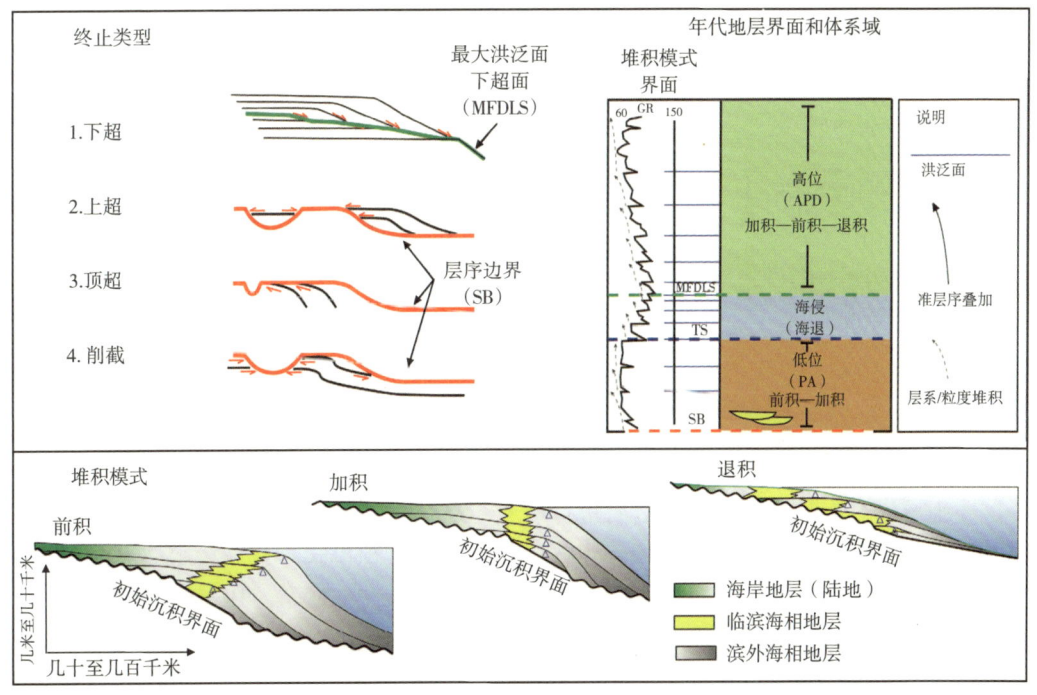

图4.18 地层（或者反射）终止、堆积模式、体系域和地层界面关键类型（据Abreu等，2010）

层体系（图4.19、图4.20）及关键术语定义（表4.7），另外，还提供了重要识别标准，包括洪泛面和层序边界（表4.8和表4.9），并且介绍了构建并测试层序地层格架的方法（表4.10）。

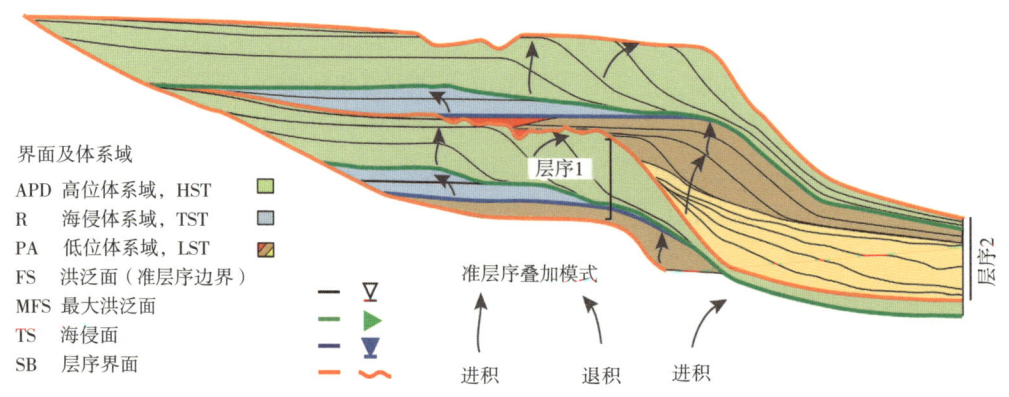

图4.19　盆地边缘地层及层序示意图（据Abreu等，2010）

PA—进积至加积模式；R—退积模式；APD—加积至进积及冲刷堆积模式

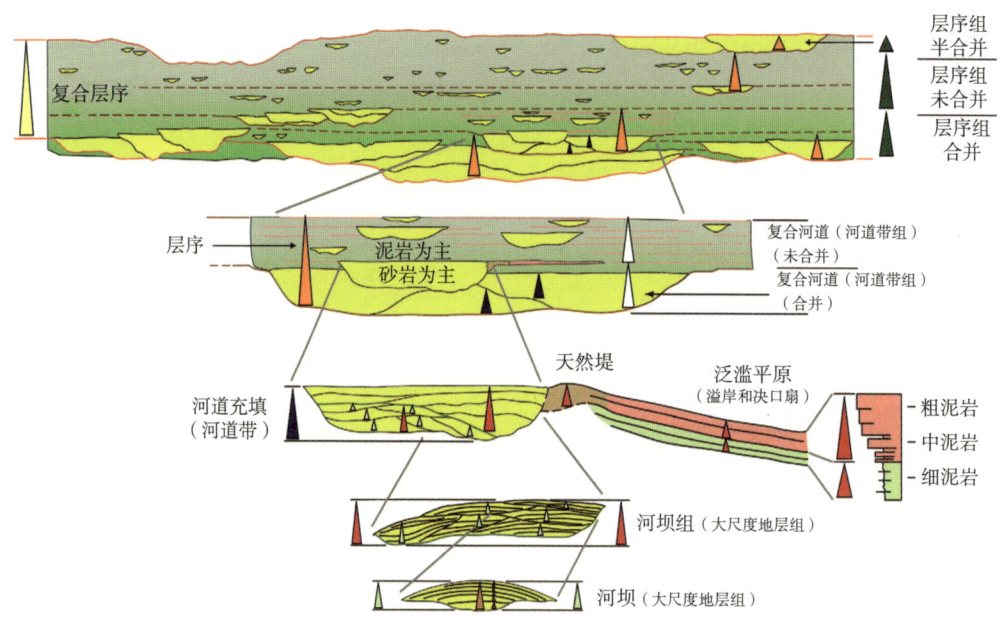

图4.20　河流—泛滥平原地层及层序示意图（据Abreu等，2010）

层序地层学是在地层格架中对岩石进行研究。在这个格架的岩石序列被细分为相关的三维单元，这些单元具有特征性的物理、生物、化学性及堆积模式，并被特定的界面分割，这些界面包括不整合面和相关的整合面（Vail，1975；Vail 等，1977a，1977b，1977c；Mitchum，1977；Mitchum，Vail，1977；Posamentier等，1988；Van Wagoner等，1988；Vail等，1991；Bohacs，Schwalbach，1992；Bohacs，1998；Neal，Abreu，2009；Abreu 等，2010）。层序地层学研究包括五个主要部分（Bohacs，Schwalbach，1992；Bohacs，1998）。

(1) 方法：可以识别不同等级的地层界面、岩石组合及堆积模式。
(2) 观测：三维格架内岩石及表面物理、生物和化学变化。
(3) 模型：总结和概括详细的观察。

表 4.7 层序地层学关键术语

沉积层序——以不整合面和与之相对应的整合面顶底为边界的相对整合地层序列（Mitchum, 1977; Neal, Abreu, 2009; Abreu 等, 2010）。几米至几百米厚，可根据在层序内位置及体系域内准层序堆积模式划分体系
准层序——由准层序边界限定的相对整合层或层系序列（由于无沉积、局部剥蚀、极低沉积速率所形成的沉积中止面，包括洪泛面、废弃河道或者再次活动面及相关表面；Van Wagoner 等, 1988, 1990; Bohacs, 1998; Bohacs 等, 2014）。沉积层序的主体，厚度从几十厘米到几十米不等
洪泛面（FS）——一个将老地层与新地层分割开来等时面，相对于沉积供给，可容空间具有典型上升特征（据 Van Wagoner 等, 1990; Bohacs, 1998; Bohacs 等, 2004）。最大洪泛面在沿岸和湖泊边缘，以及盆地外部具有对应面
最大洪泛下超面（MFDLS）——特殊的准层序边界，代表层序内盆地相向陆地延伸最大范围。定义为海侵体系域顶部。分隔下部退积模式（逐步向陆地方向）和上部加积到进积模式（逐步向盆地方向）（Bohacs, Schwalbach, 1992; Bohacs, 1998）。也被称为最大海侵面（MTS; Abreu 等, 2014）
海侵面（TS）——在进积至加积/低位体系离盆地最远距离海岸线位置之上的准层序边界。定义为低位体系域顶面。分隔下部进积到加积准层序（逐步向盆地方向）与上部退积准层序（逐步向陆地方向）（Bohacs, Schwalbach, 1992; Bohacs, 1998）。也被称为最大海退面（MRS; Abreu 等, 2014）
层序边界（SB）——沉积层序的不整合面（区域范围内）及对应的整合面（Mitchum, 1977）。该界面下部削截和顶超，上部上超和下超。记录相对沉积供给可容空间下降的过程。在陆架中间区域最容易识别

表 4.8 准层序边界（洪泛面）识别标准

可容空间相对沉积供给上升
物理特征
（1）在沉积界面之上沉积物堆积显著变化或者突变：
①颗粒大小及组成变化（沉积界面之上变细或者为深海沉积）；
②外源物质较内源物质少；
③平流碎屑和化石急剧减少（最低碎屑稀释度）。
（2）沉积界面之上纹层、层和层组连续增加。
（3）沉积界面之上有较少的局部剥蚀、改造及滞留沉积地层。
生物特征
沉积界面及上部地层内具有横向展布的化石堆积：
①相对下伏地层主要为安静水体单元（内源）；
②主要为低能形式；
③混合保存（原始—破碎）；
④生物群落 to mod. Time averaged；
⑤保存完好的外壳；
⑥远洋单元最大值；
⑦地表以下生物扰动的长期变化表明从土壤层到坚硬岩层的系统变化，如从沉积物中的"游泳"到挖洞再到钻孔。
化学/成岩作用（界面之下）
（1）自生矿物和结核横向广泛分布（如方解石和黄铁矿、铁白云石、磷灰石、磷酸盐、海绿石）。
（2）早期岩化作用/胶结作用。

表 4.9 层序边界识别标准

沉积空间相对沉积供给下降
物理特征

(1) 横向广泛剥蚀，界面以下削截，随后海岸上超及地表出露；
    (2) 沉积供给明显改变。
    ①外源物质多于内源物质；
    ②碎屑和化石突然增加。
    (3) 界面之上纹层、层、层组连续下降。
    (4) 界面之上滞留沉积十分常见。

生物特征

界面之上化石横向广泛堆积（改造）。
    ①与下伏地层相比主要为浅水单元（大部分运移至沉积地区）；
    ②主要为高能形式；
    ③保存很差（破碎—粉碎）；
    ④生物尸体群落；
    ⑤很少有结壳或者钻孔；
    ⑥深海单元很小；
    ⑦陆源有机质含量上升；
    ⑧生物扰动中等到搅动。

化学/成岩作用
(1) 界面之上氧化有机质。   (2) 界面之下早期胶结作用（胶结物富铁、菱铁矿）。

表 4.10 层序地层格架的建立（据 Bohacs, Schwalbach, 1992; Bohacs, 1998）

Ⅰ. 建立研究区总体地质背景及演化历史
  A. 重建板块构造背景；
  B. 确定位置、大小、形态、"可容空间"演化；
  C. 建立沉积中心、沉积物源区、沉积环境。

Ⅱ. 垂向剖面中检测岩石属性（露头、岩心、测井曲线）
  A. 物理属性；
  B. 生物属性；
  C. 化学属性。

Ⅲ. 基于反复出现的属性，将层和层组尺度上的岩石类型和地层特征划分为相组合

Ⅳ. 将相组合的叠加模式与沉积环境相关的序列联系起来
  A. 根据沉积环境以不同方式和比例进行相叠加；
  B. 校正每个相组合或者沉积环境的测井响应

Ⅴ. 利用不同沉积环境及层序界面的叠加模式和横向关系来解释层序地层
  A. 根据典型界面划分大尺度地层剖面；关键不整合面、洪泛面等。
  B. 将沉积环境的层组分组为准层序。根据叠加模式（前积、加积、退积）及相对先存陆架坡折位置、界面关系等将准层序分组为准层序组。
  C. 将准层序组分组为沉积层序，并且为每个垂直剖面和位置建立层序地层（如层序界面、体系域）。
  D. 在三维网格内对比垂向剖面，确定最大洪泛面、不整合面，在此基础上利用地震、生物地层及区域地质等数据进行更小尺度地层对比。
  E. 用三维网格进行地层对比时，在板块构造重建基础上绘制特定时间切片图。
  F. 根据垂直剖面、横剖面和平面图等解释结论反复迭代，直至出现合理的可以解释所有物理、生物和化学数据的地质图。

（4）机制：根据从小到大不同尺度研究地层模式和相分布并具有可预测能力。

（5）预测及测试：通过进一步观察对预测结果进行验证，这些观察结果可用于修正模型并增强对关键机制的理解。

提示：

（1）层序地层学基于物理标准提供了一种建立年代地层对比格架的方法：不同类型年代地层类型界面之间的几何关系，以及所结合地层的物理、生物和化学属性之间叠加模式。这些物理标准提供一个精确的、稳定的方法来建立高分辨率地层格架，用以分析烃源岩、储层和盖层的形成、分布及特性。

（2）层序地层学不涉及岩石类型、颗粒大小、形成机制、海平面或者水深、沉积环境、水化学、厚度或者地层形成时间。

（3）最好构建剖面层序地层格架，该剖面代表沉积体系中间位置；这些位置能够提供相和沉积环境变化最大的信息。

（4）可信的层序地层界面和单元识别需要通过大尺度三维图形，且集合所研究地层的所有物理、生物和化学属性。

第 5 章 实例研究

本章三个实例以精细薄片观察为基础，结合岩心、露头、测井曲线等资料，最终得到沉积微相的类型。第 4 章提供了另外一种描述和刻画从亚毫米级的薄片到千米级尺度的岩心、露头泥岩变化的指导方法和工具。

5.1 沉积微相综合分析：纽约上泥盆统 Sonyea 群从陆相到海相泥岩变化

摘要：砂岩和碳酸盐岩沉积学研究表明，自然变化使得在某种特定沉积环境下很难形成单一沉积相类型。而对于碳酸盐岩而言，微相的概念已经成功地应用于描述薄片及手标本沉积学和古生物学现象。本书采用了类似的方法（泥岩微相分析法）来优化沉积学内容。在纽约上泥盆统 Sonyea 群下部，根据其岩相学特征和毫米—厘米级的沉积构造，可以划分出 6 个不同的相组。每个相组合由几个微相组成。依据沉积结构和生物扰动特征重建当时沉积条件和沉积环境。沉积相组合特征分别为：沿海平原地区为泥土和泛滥沉积物，近岸地区为快速沉积及频繁改造沉积物，宽阔的盆地边缘台地为风暴成因为主的离岸流搬运沉积物，风暴浪基面以下为浊积岩沉积，远端的深盆为底流沉积。

5.1.1 引言

微相概念最初由 Brown（1943）和 Guvillier（1952）提出，它综合了在薄片中观察到的岩相学和古生物学特征。该方法已经成功地用于碳酸盐岩研究，并已扩展到包括薄片、磨光片及手标本上所看到的沉积学和古生物学特征（Flügel，2004）。本书综合薄片和手标本（光片）观察，实质上就是泥岩微相分析方法，得到更多沉积学岩石方面认识。随着广泛应用于大量研究中，泥岩微相分析将可以定义与特定沉积环境相关的标准泥岩微相类型，有助于建立细粒沉积岩通用相模型。微相概念的广泛应用有助于简化泥岩储层、烃源岩及烃类封堵性评价等复杂工作。

细粒沉积岩易遭受风化作用。要充分研究露头的沉积特征，除了需要分米到米级的沉积体，还需要一条新鲜的露头切面。然而，经验表明，对于磨光片和薄片而言，毫米至厘米级的沉积特征很容易观察到，但可能与多种作用相关，如生物活动、软沉积物变形作用、水流和波浪作用、固结和胶结作用等。因此，通过研究相对较小的样品就可能获得整个细粒岩石形成过程中大量信息。

泥岩中包含碎屑、生物和化学组分，而且比例非常大。所以泥岩比砂岩或碳酸盐岩的成分谱要宽得多。此外，沉积时形成的原始结构特征在后期压实作用下发生了极大的变形，因为原始沉积物含水高、孔隙度大，在埋藏时受到压实作用后的厚度仅为原始厚度的 10%。埋藏成岩作用通过有机质的成熟、运移，形成在温度和压力升高时的不稳定矿物（尤其是黏土矿物），这让原始泥岩物质更加复杂。泥岩的这些特征都是这些作用的影响结果。前人用泥岩微相分析法对前寒武系泥岩的研究中已经能区分多种相类型，并获得了有价值的沉积学信息（Schieber，1986，1989，1990）。尽管有生物扰动作用影响，但这种方法对研究显生宙页岩同样适用。我们收集了大量的细粒岩石序列研究的文献，并根据下列条件筛选适合的研究区：（1）相关的岩性（砂岩、碳酸盐岩）已经研究过；（2）已经从古生态学的角度研究过所包含的动物群；（3）横向有明显相变特征标志；（4）地层分辨率高并有井资料约束。最后发现纽约上泥盆统 Sonyea 群下部部分地层已经做过很详细的调研工作，是进行该项研究的理想对象。尤其是 Sutton 等（1970）建立了地层格架标准，同时表明存在一系列泥岩类型，它们沉积在不同的但横向相关的沉积环境里。

对 Sonyea 群沉积岩的综合研究表明，存在一个明显的、可预测的自东向西的泥岩相组合，反映了搬运和沉积作用变化、能量减弱、沉积速率逐渐减小及有机物减少的环境。大约 10% 的地质时期形成的砂岩（Schieber，1999），主要经历了高能事件，如洪水、风暴和较大的重力流（浊积）。相比之下，泥岩记录了许多低能事件（泛滥平原改造作用、河流分支沉积、波浪和底流改造作用及偶尔的细粒浊积）。因此，砂岩为我们提供了沉积历史的精华，而泥岩则为我们补充了"故事的其余部分"。

5.1.2　Sonyea 群地质背景

中—晚泥盆世，Acadian 褶皱冲断带剥蚀岩屑向西流入阿巴拉契亚前陆盆地，形成碎屑楔状体，这就是著名的 Catskill 三角洲复合体。Rickard（1981）将其上部细分为 6 个岩性地层组合。其中，Sonyea 群最薄，进一步通过横向连续分布的"黑色页岩"薄层而细分为上、下两部分（Sutton 等，1970）。图 5.1 只展示了 Sonyea 群下部。该段持续时间大约是中牙形石带发育时间的一半（Woodrow 等，1988）。Johnson 等（1985）对牙形石带平均时间评估认为下 Sonyea 群的沉积时间跨度有数十万年之久。如果采用 Kaufmann（2006）泥盆纪放射性测年数据，Middle asymmetricus Zone 与 punctata Zone 相当（Ziegler，Sandberg，1990），下 Sonyea 群沉积时间跨度大约 30 万年。Sonyea 群出露在长约 350km 的东西向露头带上，从西部的伊利湖延伸至东部的 Catskill 山脉。露头带垂直于沉积走向，这使得对从冲积平原到盆地范围内的沉积岩变化在露头中易于横向对比。在 Catskill 三角洲序列中，相叠加模式反复出现。Rickard（1964，1981）划分出一系列不同于以往地层划分的同性相类型。因此，在每组内均有自东向西从陆相到盆地相的变化。由于原始的地层命名早于 Rickard（1964）的同性相定名，所以，在某个亚群内（图 5.1）地层名也存在自东向西的变化。

Sonyea 群下部含有两层"黑色页岩"，这在西部盆地远端大部分东西向露头带中均可见：Montour 页岩位于沉积序列的底部，Sawmil Creek 页岩位于顶部（Sutton 等，1970；图 5.1）。这两套标志层反映了两次洪泛（水侵）事件。一个从东部的河流相沉积（Sidney，N. Y.）到西部的远端饥饿型沉积（Buffalo，N. Y.）组合被夹在这两套"黑色页岩"层之间（图 5.1）。在 Catskill 三角洲的前期研究中，这些不同相为不同的岩性地层。

下 Sonyea 群最东部 Walton 组（图 5.1）沉积在泛滥平原上，为向西生长的三角洲复合体的一部分。Sutton 等（1970）认为，在 Walton 组沉积期，低弯度河流沿岸分布着植被茂盛的平原和湖泊。其土壤层中钙质结核表明当时气候温暖，季节性潮湿（Gordon，Bridge，1987）。向西地层为 Triangle 组（图 5.1），由灰色含化石（海洋底栖生物）泥岩和砂岩组成，为海相陆架沉积（Sutton 等，1970；Bowen 等，1974；Sutton，McGhee，1985）。Triangle 组再往西 Johns Creek 页岩地层（图 5.1）为灰色层理状、含少量化石的细—中粒泥岩与粗

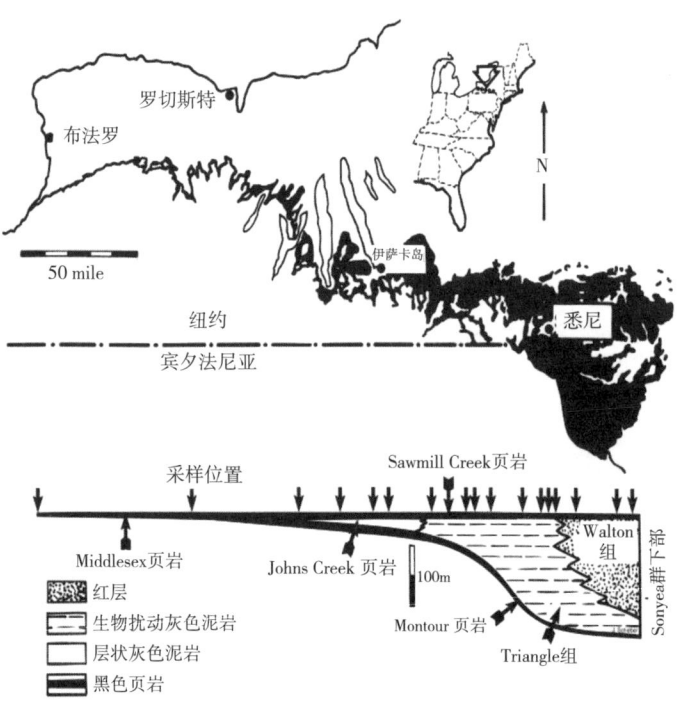

图 5.1 研究区位置和地层概况图

在美国东部地图中，研究区用一条黑色点线标注并用一个空心箭头指出。放大图显示纽约州北部 Sonyea 群露头带位置及主要城市位置图（据 Sutton 等，1970）。下面的剖面是组成 Sonyea 群下部地层。剖面上方的短箭头指示了采样地点的位置。"黑色页岩"的厚度没有测量

粒泥岩互层。粉砂岩层内的沉积结构表明形成于缓坡环境下的浊流沉积（Walker，Sutton，1967；Sutton 等，1970）。Johns Creek 页岩地层西部为 Middlesex 页岩地层（图 5.1），由深灰、黑色层理状页岩组成（Colton，de Witt，1958）。由于明显缺乏生物扰动和底栖生物化石，长期以来认为该单元形成于盆地底部缺氧层（Byers，1977）。然而，最近的观察表明，尽管底部氧气有限，但很少达到缺氧程度（Schieber，1999；Schieber，2009）。

5.1.3 采样及方法

沿下 Sonyea 群露头带方向取样（图 5.1），采样分别位于以下位置：Gordon 和 Bridge（1987；Walton 组），Sutton（1963），Sutton 等（1970；Triangle 组）和 Colton 和 de Witt（1958；Johns Greek Shale 和 Middlesex Shale）。为了获得含风化物尽可能少的样品，采样地点包括河床、公路和铁路的断面。必要时露头会挖至 30~60cm 深，以便获得适合的新鲜样品。取样间隔从东部的 1~2m（近源相）到西部的 20cm（最远的远源相）。连续样品的采样间隔地层厚度为 0.5 m。这些样品用来确定不同泥岩类型的接触关系及在厘米和分米尺度上精确的互层关系。样品在切片前用环氧树脂片固形。用双目偏光显微镜检测了 200 块抛光片和 150 块薄片。采用对比图估算了薄片中各种物质成分的丰度（Flügel，2004）。

5.1.4 泥岩描述与解释

识别出 6 个泥岩相组合，每个泥岩相组合由几个互层泥岩微相组成。单个泥岩地层厚度

变化范围从 1cm~1m 不等。图 5.2~图 5.7 总结了每个相组合的基本特征。由于 Sonyea 群下部仅代表了约半个牙形石带（Woodrow 等，1988），所以生物地层学方法不能对目前对比做进一步细化（见上述关于 Sonyea 群下部沉积大致持续时间的讨论）。但是，某些 Triangle 组露头表现出细微的垂向变化（这种变化可以描述为周期或旋回），追踪这些旋回性或许能提高地层分辨率（Van Tassell，1994）。Sutton（1963）和 Sutton 等（1970）的工作被用来将独立的样品和露头复位到适当地层之中。

目前的泥岩相组合在相邻露头间没有变化，这表明它们在地层中对所处位置并不敏感。尽管根据狭义的"时间切片"，样品不能直接对比，但沿着露头带发育的泥岩相组合可以看成是横向相对应，按共存相和 Walther 相律来解释。

5.1.5 RM 相组合：Walton 组红—灰色泥岩

RM 相组合由微相 RM-1 到 RM-6 组成，发育在 Walton 组的细粒段，它将河流相砂体（4~15m 厚）分隔开。在这些泥岩段里的砂岩夹层（0.1~0.5m 厚）呈板状层理、槽状交错层理、爬升波纹层理、对称波纹层理、沟模和槽模结构特征。互层砂岩可能形成单个地层，也可能是底部剥蚀具有席状、透镜状、楔状等几何形态向上变细地层组部分，或者可能是向上变粗、变厚的沉积序列部分（Gordon，Bridge，1987）。在特定砂岩类型和特定泥岩类型之间不存在相关性。图 5.2 总结了该相组合 6 个泥岩微相沉积和结构特征。

单个 RM-1 和 RM-2 单元厚度从几分米到 1m 以上不等，可能垂直相互交错，可能含有 RM-3 夹层（大约几分米厚）。观察到的沉积特征包括雨痕、泥裂（RM-1、RM-3）、植物根迹（RM-1、RM-2）、假背斜、钙质结核（RM-2）。在 RM-2 中，有黏土和滑擦面的交叉排列的不规则平面，解释为不规则聚集体（10~30mm）。

RM-4 在结构上与 RM-3 相似，但是它呈灰色并含有压缩炭化植物碎片。RM-4 形成了几分米到 1m 以上厚度的地层。雨痕、泥裂和粉砂岩薄层较少。RM-5 和 RM-6 含有泥岩碎屑并在泥质充填水道内与 RM-4 互层（夹层厚度从几厘米到 20cm 不等）。

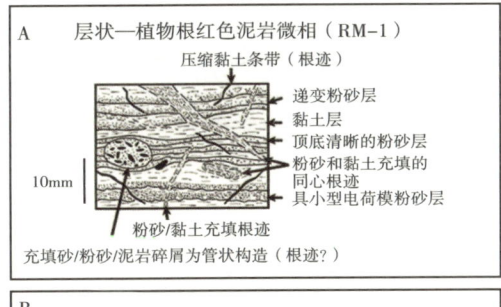

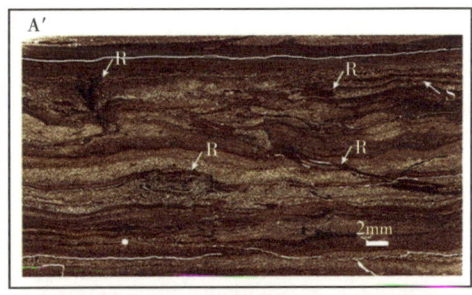

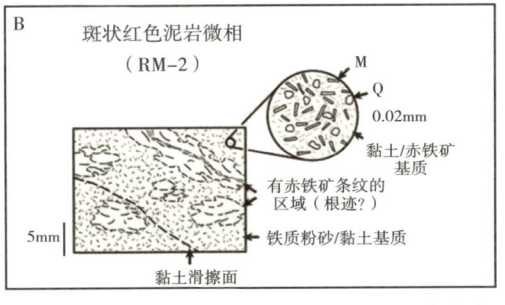

图 5.2 RM 相组合：Walton 组红~灰色泥岩

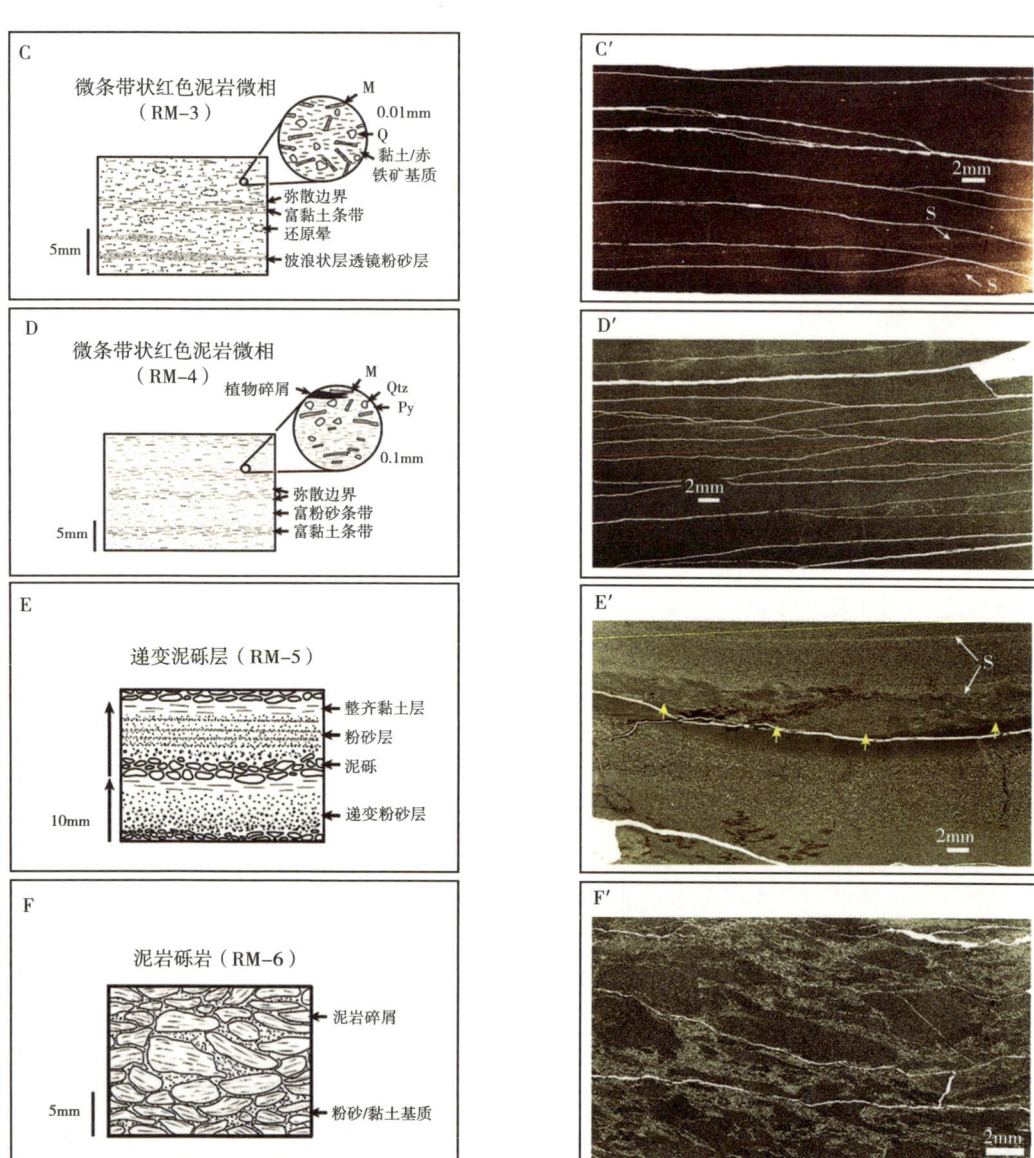

图 5.2 RM 相组合：Walton 组红—灰色泥岩（续）

手绘图 A—F 总结了 RM 相组合中 6 种微相类型特征（微相 RM-1 至 RM-6）。比例尺长度是变化的。

M—云母；Q—石英；Py—黄铁矿

A′—微相 RM-1，层状—植物根红色泥岩显微照片；粉砂和黏土交替出现（箭头 S），植物根迹（箭头 R）；与图 A 比较

B′—微相 RM-2，斑状红色泥岩显微照片，普遍具有斑状构造；变白的、浅色的云状区域（箭头 R）可能沿着小型植物根迹发育；与图 B 比较

C′—微相 RM-3 显微照片，普遍红色基质，具有少许富含粉砂的层理；缺少植物根迹表明为快速沉积环境(泛滥平原滞水)

D′—微相 RM-4 显微照片，基本没特征灰色泥岩；没有 RM-1 和 RM-2 中出现的生物扰动特征，表明可能是河漫滩或牛轭湖中的快速沉积；粉砂和黏土的比例在垂向上存在微弱的变化（深色与浅色层段），但没有明显的沉积间断

E′—微相 RM-5 显微照片，上半部分为递变泥砾层（用黄色箭头标注的突变基底），上覆粉砂岩夹层显示出不清晰层理，向左倾斜，似乎有下超现象；可能是化石泥波痕，为流动的悬浮物淤积所形成（Schieber 等，2007）

F′—微相 RM-6 显微照片，显示了黏土—粉砂基质中富黏土撕裂屑；棱角状说明坚硬泥岩碎屑的短距离搬运；可能来源于泛滥平原上干涸的并在洪水期间被冲刷流入河道和牛轭湖的碎屑物质

说明：RM-1 和 RM-2 微相中植物根迹（图 5.2A 和图 5.2B）表明土壤形成过程是在相组合 RM 沉积期间发生的，这被 RM-2 微相中存在的岩石滑擦面和不规则团块（被解释为化石胶膜和土壤结构体）所证实（Retallack，1988）。滑擦面和假背斜也说明了 RM-2 的转化成因（Retallack，1988；Mack 等，1993），并且暗示了季节性的潮湿和干旱气候（Buol 等，1980）。RM-2 微相中含赤铁矿/黏土夹层的区域（图 5.2B）与黄褐色晕圈的根迹相似。这些可能代表了植物根周围的化学微环境，或者是与根物质埋于地下水位以下的古土壤之后不久的厌氧腐烂的潜育作用有关（Retallack，1988）。尽管存在根系破坏作用（图 5.2A），但是 RM-1 微相主要沉积特征仍然保存良好，说明 RM-1 微相古土壤发育十分微弱（Retallack，1988）。RM-3 和 RM-4 微块状特征、均质结构及少量黏土和定向排列云母（图 5.2C 和图 5.2D）；这些特征可能是受后期改造作用影响形成（如强烈的生物扰动）（Potter 等，1980；O'Brien，Slatt，1990），主要特征如粉砂层纹层和富含粉砂与富含黏土带，并不是在非扰动作用下形成的原始特征（图 5.2C）。因此，沉积很可能来自悬浮体的快速沉降，多半是由于浓悬浮体的黏土絮凝结果（Potter 等，1980；O'Brien，Slatt，1990；Parthenaides，1990）。RM-3 微相中透镜状粉砂层（图 5.2C）表明存在剥蚀和底载搬运作用，但是，这种特征极少出现，说明 RM-3 中流速很少超过能搬运粉砂速度，RM-4 中则从未达到这种速度。富含粉砂与富含黏土带之间的转换（图 5.2D）表明连续条带不间断沉积。RM-3 或 RM-4 单层很可能是低速流动的悬浮体沉积而成，这些悬浮物质为不同沉积事件的产物。泥裂和雨痕说明 RM-3 时期发生洪水和沉积事件与地表出露交替出现。RM-4 微相中缺失这些特征，并且缺失灰色页岩，说明 RM-4 形成于水下沉积环境。

RM-5 和 RM-6 微相中许多泥岩碎屑没有明显的沉积后变形特征（图 5.2E 和图 5.2F）说明碎屑在搬运前已硬化。很可能干涸泥土硬外层的改造（如 RM-3）提供了这些"硬"碎屑，而变形碎屑可能是由牵引流引起的未固结沉积物撕裂而形成（如 RM-4）。由于泥岩碎屑在搬运时快速磨蚀（Smith，1972），所以这些碎屑很可能只是短距离运移。RM-5 微相中的粒度分选层（图 5.2E）说明沉积过程中颗粒分选作用，暗示了水下沉积环境水动力减弱。根据这些细粒段互层砂岩特征，Gordon 和 Bridge（1987）也认为沉积发生于漫滩流减弱时期，而那些较厚的向上变细和向上变粗的序列则分别反映了废弃或进积决口扇沉积，同时，识别到的波纹表明积水的存在。

植物根迹、滑擦面、泥裂和雨痕的存在表明 RM 相组合是陆相环境，确切地说是土壤、泛滥平原以及湖泊沉积。

5.1.6　SM 相组合：Triangle 组最东部的砂质泥岩

Triangle 组的最东边部分（图 5.2）由两个泥岩微相 SM-1 和 SM-2 组成（图 5.3），为分米级含夹层的沉积层。两者都含有相对较多的砂级颗粒。在这些单元内的砂岩段（细—中砂，3~15cm 厚，间隔 0.5~2m）展现出平行到波状层理，可能有底部侵蚀、水平—平缓波纹状平行层理、正粒序现象。这些砂岩层的底部可能含有化石碎片和泥岩撕裂碎屑（直径达 20mm）。

层状砂质泥岩（SM-1；图 5.3）含两层夹层：(1) 透镜状的波状砂岩和黏土夹层，(2) 条带状黏土夹层。尽管插图 5.3A 为典型厚度，但是砂层厚度可达 30mm，并显示交错层理和平行层理，同一层中有反向的前积倾斜、弯曲变形层理和交错层理分支（Reineck，Singh，1980）。条带状黏土层的分选比含砂岩夹层的黏土层差，并且只是在顶部出现轻微的生物扰动作用。

斑状砂质泥岩（SM-2）由粉砂质黏土和平行纹层状细砂岩（10~20mm 厚）夹层组成。粉砂质泥岩段具有斑状结构并含有近水平的、砂岩充填的洞穴通道（图 5.3B）。洞穴通道内里具有厚的同心纹层，与周围主要由黏土组成的沉积物相比有较厚的洞壁（图 5.3B）。在砂岩的夹层下面发现了轮廓分明的砂质充填的洞穴，并截切其他类型洞穴。

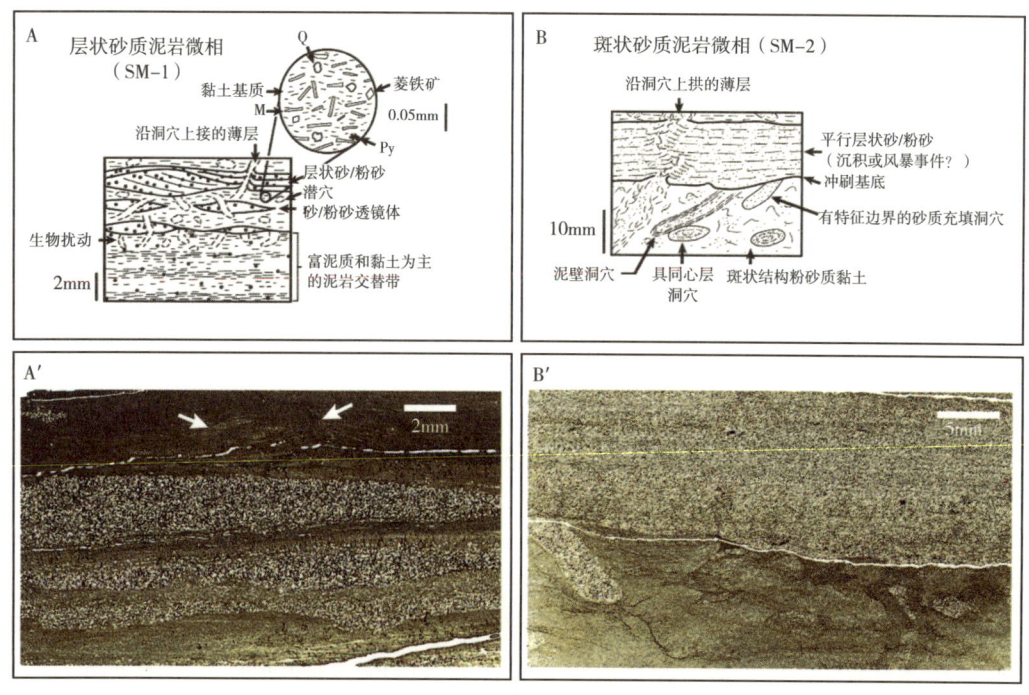

图 5.3 SM 相组合：Triangle 组最东部的砂质泥岩

手绘图 A、B 概括了 SM 相组合中两种泥岩微相特征。比例尺长度是变化的。M—云母；Q—石英；Py—黄铁矿 A′—层状砂质微相 SM-1 的显微照片，说明波形透镜状粉砂层与黏土层交替出现。注意黏土层中的生物扰动作用（白色箭头）；B′—斑状砂质微相 SM-2 的显微照片，显示上半部分平行层状砂岩，下半部分斑状生物扰动粉砂质黏土

说明：SM-1 中的透镜状波状层理（图 5.3A）说明了水流和缓流交替的环境（Reineck，Singh，1980）。像反向前积、弯曲变形层理和交错层理等为波浪作用的指示特征（Boersma，1970；De Raaf 等，1977）。在带状黏土层中（SM-1），缺乏生物扰动说明为快速沉积作用，粉砂质与富黏土带之间的渐变边界说明了沉积物来自悬浮体的快速沉积（Schieber，1989）。在透镜状和波浪状的带状黏土层（A′的左上半部分）没有沉积改造的残余沉积，可能因为太厚，或者没有足够时间发生完全改造作用。SM-2 中的斑状、生物扰动结构（图 5.3B）说明沉积聚集速度较 SM-1 慢，改造作用也较 SM-1 弱。此外，线型洞穴和墙壁洞穴的存在说明洞穴持续时间较长（Bromley，1990）。离散状背景的斑状结构可能是软黏液和底栖生物的混合沉积（Bromley，1990）。相比之下，砂层下部边界明显的砂质充填的洞穴形成于坚固的基底内部（Bromley，1990），在洞穴形成晚期，表层的软黏液沉积可能遭受侵蚀搬运。沿洞穴分布向上弯曲的层理穿过薄砂层表明这些洞穴是生物逃逸的痕迹。加上底部冲刷特征，说明这些砂岩层最初是快速、高能事件沉积形成的（Seilacher，Einsele，1991）。这些泥岩中较厚的砂岩夹层（3~15cm 厚）显示出突变侵蚀基底接触和正粒序层理。这些也是事件沉积（Seilacher，Aigner，1991）。

各种波浪产生的特征，快速沉积的黏土层，近源风暴沉积，表明 SM 相组合是近岸三角洲沉积环境。波浪改造和来自河流支流中的沉积物非常重要。

5.1.7 BM 相组合：东部 Triangle 组洞穴泥岩

东部 Triangle 组由 BM-1 和 BM-2 微相组成（图 5.4）。BM-1 和 BM-2 为厘米至分米级地层，主要在沉积结构上存在差异。泥岩段（0.3~2m 厚）与细粒砂岩（5~150cm 厚）交

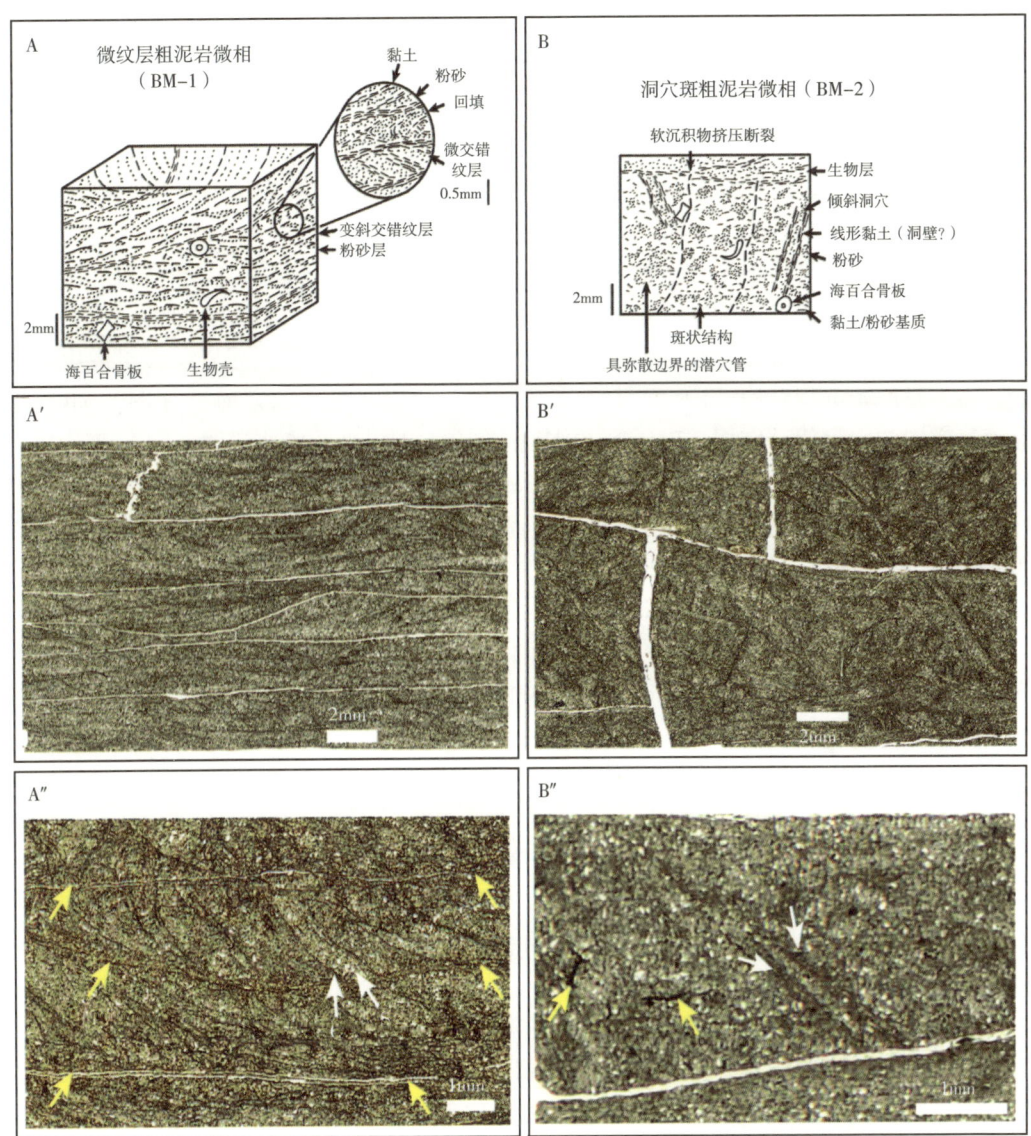

图 5.4　BM 相组合：东部 Triangle 组洞穴泥岩

手绘图 A、B 总结了 BM 相组合的两个微相特征。比例尺长度是变化的

A′—BM-1 微相微纹层粉砂质显微照片，显微镜下可见层内粉砂质微交错层理（浅色）和黏土（深色）微交错层理的交替（薄片中的近水平毛细裂纹宏观上为可见的纹层边界）；A″—微交错层理放大图，黄色箭头标出了宏观上可见的层理。在这些层理内微交错层理向右倾斜，由富含粉砂层理（箭头 S）和富含黏土层理（箭头 C）交替组成。这些微交错层理很可能是压实的 Zoophycos 回填形成的半月形；B′—BM-2 微相显微照片显示大量的洞穴斑和倾斜的洞穴通道；B″—黏土线洞穴通道（白色箭头）的放大图片。黄色箭头指向植物碎片

替出现，可能显示具有底部下凹（深度达 1m）的泥岩充填冲刷面。冲刷面没有化石与洞穴，上覆 BM-1 和 BM-2 地层。

该相组合主要为微相 BM-1，并具有小型、复杂、内部层理特征（图 5.4A）。微相 BM-2 具有斑状结构，这些斑状结构被各种洞穴和压实断层所贯穿（图 5.4B）。在 BM-1 和 BM-2 接触的地方，BM-2 的压实断层和洞穴通道在 BM-1 的粉砂岩和黏土薄层处终止（图 5.4B）。

砂岩层有沟槽、冲刷和沟槽铸模剥蚀底部特征，可能会显示正粒序层理，底部有化石碎片，平行层理、水平层理和丘状交错层理。较薄的砂层（5~40cm）呈板状或席状层理，而较厚砂岩段则厚度变化较大，并有河道充填特征（深度达 1m 以上）。后者也可能显示混合或者球状—枕状结构。在一个露头中，具有底部冲刷和丘状交错层理的厚砂层（0.5~1.5m），呈下超低角度交错层理，指示沉积物向西运移。

说明：BM-1 微相中（图 5.4A）像层理一样的薄层可能误解为波浪产生的复杂交错层理（Reineck，Singh，1980）。然而，薄层内粉砂岩和黏土的横切关系和横向变化（图 5.4A）与沙波运移产生的层理特征不符。相反，波形微交错层理（图 5.4A）被解释为沉积物回填产生的半月形。与公开发表的遗迹化石的说明相比（Chamberlain，1978；Thayer 等，1990），BM-1 中的薄层状结构代表了压实的动藻迹洞穴。因此，这里的层状泥岩层理更像生物扰动构造，而不是原始沉积结构。BM-2 中的斑状结构和薄层状黏土洞穴通道（图 5.4B）指示软黏液基底中的生物扰动作用。BM-2 结构特征在 BM-1 层理的终止说明：(1) 斑状构造形成早于动藻迹洞穴构造；(2) 从 BM-2 到 BM-1 的变化代表了洞穴类型的继承性。由于 BM-2 微相指示软土层条件和浅层位置，而动藻迹反映了坚固基底中的深层沉积（Bromley，1990），这种继承性可以通过单一标志群叠置解释。底部冲刷面和化石碎片、沟槽、粒序递变和丘状交错层理表明这些微相里的砂岩层也是风暴沉积（Dott，Bourgeois，1982）。

SM、BM 和 GM 相组合中向西的古水流和丘状交错层理的砂岩层、递变粉砂岩/黏土地层组、"泥"风暴岩表明风暴引起的离岸流将沉积物从 SM 相组合向西搬运经过 BM 和 GM 相组合。

5.1.8 GM 相组合：西部和中部 Triangle 组灰色泥岩

含化石泥岩相组合（GM-1，GM-2，GM-3）含有厘米至分米级的夹层，组成西部和中部 Triangle 组（图 5.5）。5~50cm 厚的泥岩与极细到细粒砂岩层（5~20cm 厚）互层。

GM-1 微相中等纹层灰色泥岩由生物扰动黏土、渐变粉砂/黏土地层和块状黏土层的互层构成（图 5.5A）。剥蚀和正粒序比较普遍。出现各种洞穴，包括近水平狭窄洞穴（2~7mm 宽），具有离散边缘的垂直洞穴和分支洞穴。分支洞穴切穿其他类型洞穴。

中等生物扰动灰色泥岩 GM-2 与 GM-1 相似，由渐变粉砂岩和生物扰动黏土互层组成（图 5.5B）。不过，生物扰动作用在 GM-2 中更剧烈。如果说成层性是 GM-1 的最明显特征，那么生物扰动作用则是 GM-2 的最显著特征（图 5.5A、图 5.5B）。

在 GM-3 中，生物扰动作用如此普遍，以致主要原始沉积特征都被破坏了（图 5.5C）。除 GM-1 和 GM-2 中洞穴外，也存在近垂直到斜向蹼状洞穴（管状，宽达 7mm 以上），在粉砂/黏土基质中也有斑状结构。

就总体丰度而言，GM-1 最少，GM-2 最多。在 GM 相组合内，分支洞穴向西增加。互层砂岩厚度变化，底部有突变冲刷面，基底有透镜体和化石碎片层，呈丘状交错层理等特征。它们通常在露头带持续发育，但是也可能尖灭并形成串状砂岩透镜体（2~5cm 厚）。

说明：垂直洞穴在穿过粉砂层的地方显示向上翘的层理（图 5.5B），表明洞穴通过沉积物向上运动，可以解释为逃逸迹。结合底部冲刷面、递变作用和顶部的生物扰动作用，这些特征均表明 GM-1 和 GM-2 中的粉砂/黏土层、渐变粉砂层和块状黏土层是事件沉积（Seilacher，Aigner，1991）。在最初的强水流之后（底部冲刷），水流动力衰减（递变作用）。该

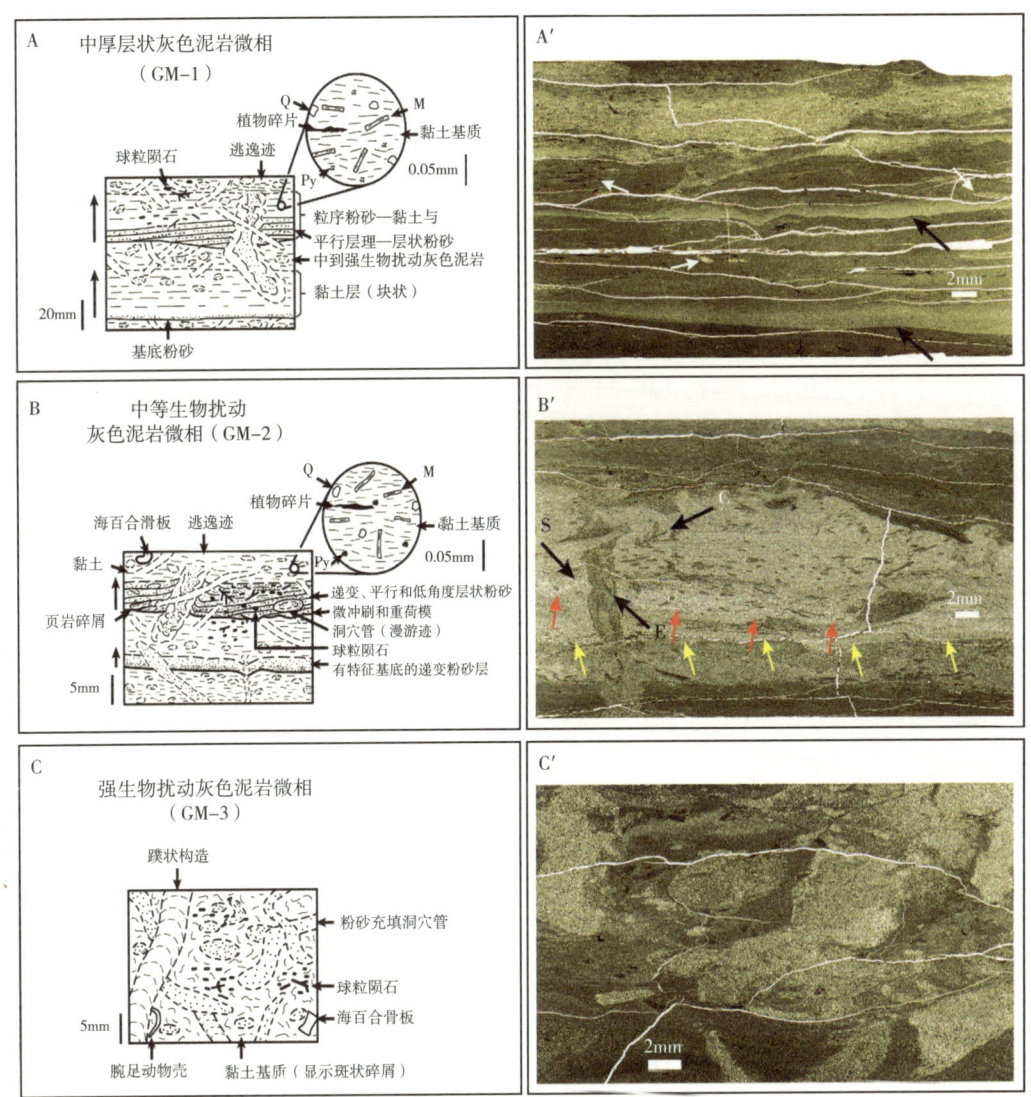

图 5.5　GM 相组合：西部和中部 Triangle 组灰色泥岩

手绘图 A、B、C 总结了相组合 GM 特征。比例尺是可变的。M—云母；Q—石英；Py—黄铁矿

A′—GM-1 微相中渐变粉砂岩/黏土地层显微照片。黑色箭头指向粉砂/黏土层的底部。白色箭头指向粉砂/黏土层上部的生物扰动作用。最下部粉砂/黏土层在显微镜下显示出不清晰的近水平层理

B′—GM-2 微相的显微照片。显示渐变粉砂层（浅色），有突变基底（黄色箭头）和倾斜的内部分层（红色箭头）。注意在上部和下部富含黏土层段存在较多的生物扰动作用。照片左侧有垂直的逃逸迹，紧邻的粉砂质纹层被逃逸迹向上拖曳（箭头 S）。含深色填充物的分支洞穴（箭头 C）十分普遍，并且切割了充填的逃逸迹（箭头 E）

C′—GM-3 微相的显微照片。原生层理很大程度上已被洞穴作用破坏。由于填充物富含粉砂，洞穴填充物颜色较浅。填充物可能来源于上覆风暴层。有些洞穴为细砂充填，可能源于风暴砂岩夹层

相组合与丘状交错层理砂岩互层特征表明这些事件强度较小。

蹼状构造洞穴（GM-3）和分支洞穴，表明某种稳定的觅食和居住迹构造（Bromley，1990），意味着沉积物聚集速度小。生物扰动黏土层（GM-1、GM-2）可能指示在相对高能沉积事件之间慢的低能沉积物聚集；强的生物扰动、厚的泥岩层（GM-3）可能是由于长期低速、低能沉积环境。清晰的洞穴管和缺少线状、墙状洞穴说明 GM 相组合的底部比较坚固（Bromley，1990）。然而，GM-3 的斑状"背景"结构（图 5.5C），说明在某种埋藏和压实作用后，最初软的表面沉积物被更强烈的生物作用所改造（Bromley，1990），或被与事件沉积相关的侵蚀作用而剥蚀。

向西流动的古水流和丘状交错层理砂岩层的分布、渐变粉砂岩/黏土组合地层和相组合 SM/BM/GM 中的"泥"风暴岩，表明风暴引起的近岸流将沉积物从相组合 SM 向西搬运到相组合 BM 和 GM。

5.1.9　LM 相组合：Johns Creek 页岩中的层状泥岩

该相组合出现在 Johns Creek 页岩中，位于 Triangle 组西部的地层单元（图 5.1）。大化石比较罕见，两个微相（LM-1，LM-2）较 GM 相组合生物扰动作用要少得多。几厘米至几米厚度的细—中粒泥岩段与波状层理粗泥岩（2~15cm）互层。后者显示出底部沟槽和压痕以及平行层理，上部为波状交错层理和披覆平行层理。较薄地层缺少底部的平行层理。沟槽痕和交错层理的方向指示了沉积时水流方向向西。

有粉砂层理的泥岩 LM-1 具有递变粉砂岩/黏土组合地层特征，它们与黏土层和薄粉砂层互层（图 5.6A）。递变粉砂岩/黏土组合地层显示了平行层理、攀爬或衰减波纹、披覆粉砂层理（连续到不连续），最终为粉砂质黏土层（图 5.6A）垂向序列。生物扰动作用很小甚至没有。沿粉砂层向上拖曳的球粒陨石和垂直洞穴十分常见。

含粉砂条带的 LM-2 泥岩与 LM-1 不同的是，粉砂层总是具有突变的上边界（没有递变；图 5.6B），反映侧向流动的循环结构（Cole，Picard，1975）、软沉积变形及扁平的、浅色粉砂/黏土球粒（0.2~0.3mm 长）比较普遍。

说明：递变层理及波纹层理到披覆平行层理的垂向序列（图 5.6A），以及粉砂/黏土地层组合的出现表明沉积来自水动力衰减的流体。这些粉砂/黏土组合地层下部的波纹层理说明存在低幅度运移和牵引搬运，可能与水槽试验中观察到的泥质波纹相似（Schieber 等，2007）。反映侧向流动和循环结构（香肠构造）的软沉积地层变形表明沉积层的流动和拉伸，可能是由斜坡上的重力作用引发。顶部突变，波状透镜状粉砂层（图 5.6B）说明了底负载搬运作用。

LM 相组合中出现鲍马序列粉砂层、具有衰减波纹的递变粉砂岩/黏土组合地层及环状构造的存在，表明浊流将沉积物经过斜坡区域搬运到盆地远端。

5.1.10　CM 相组合：Middlesex 页岩中的碳质泥岩

Middlesex 页岩与 Johns Creek 页岩西部相当（图 5.1），由一系列碳质泥岩组成。在该单元中，以薄层碳质泥岩 CM-1（图 5.7A）为主。这里的粉砂岩薄层要么薄而均匀，要么较厚且呈透镜状。薄层不连续是最常见的生物扰动作用特征，而轮廓分明的粉砂充填洞穴（图 5.7A）仅出现在与波状—透镜状粉砂薄层相关组合中。

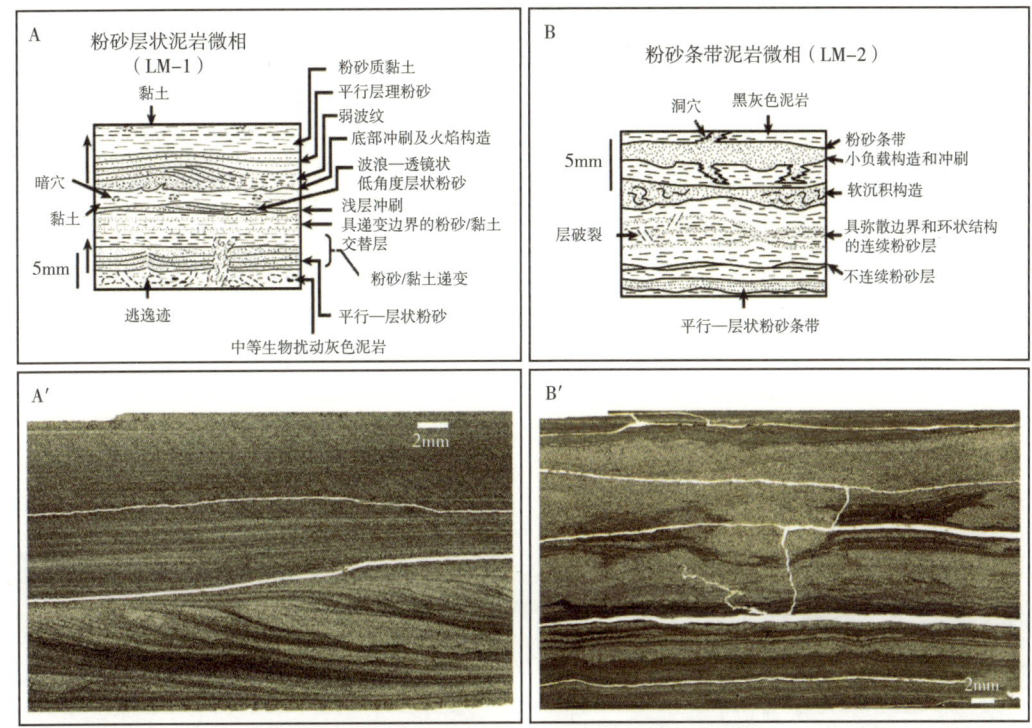

图 5.6　LM 相组合：Johns Creek 页岩中的层状泥岩

手绘图 A、B 概括了 LM 相组合中 LM-1 和 LM-2 特征。比例尺长度是变化的
A′—粉砂层理 LM-1 显微照片。下半部分有减弱波状层理的递变粉砂岩/黏土组合地层（细粒浊流岩），上半部分具有平行的粉砂层理泥岩递变到黏土岩；B′—具有粉砂条带微相的 LM-2 显微照片；显示缺乏内部沉积结构和粉砂填充洞穴的粉砂条带（浅灰色）。注意分散的粉砂层理、轻度的生物扰动作用和压实洞穴

　　与 CM-1 相比，CM-2 中的粗粒碳质泥岩存在两方面的不同：(1) 粉砂含量更高，(2) 它们含有薄层状/递变粉砂岩层（图 5.7B）。浅色的扁平化粉砂/黏土球粒（0.2~0.5mm）在 CM-1 和 CM-2 中都比较常见。

　　说明：CM-2 粉砂层中的递变和平行层理表明沉积来自水动力衰减的水流。CM-1 中波状—透镜状、顶部突变及交错层理的粉砂层（图 5.7A）表明为底负载搬运。具有平行粉砂质层理的地层（图 5.7A）也可能代表泥质波痕压实（Schieber 等，2007），这与底流的泥质运移和扩散一致。底部侵蚀特征（图 5.7A）表明沉积流有时快得足以冲蚀泥质基底。薄层间断和洞穴（图 5.7A）都指示存在钻孔底栖生物。薄层间断与可辨别洞穴无关这一事实说明沉积物起初很软或呈汤状，生物"犁过"或者"游过"基底。相比之下，粉砂充填洞穴的突变洞壁（图 5.7A′，箭头所示）表明是生物钻至坚固基底之中。后面底部冲刷的波状—透镜状粉砂层的洞穴类型相组合（图 5.7A）表明侵蚀作用剥蚀软的基底表面。沿泥岩基质分散的粉砂/黏土球粒为底栖生物的粪球粒化石，说明以前软体海底生物曾经存在过。

　　CM 相的部分粉砂层中的牵引搬运特征指示底流对海底的改造作用。底栖生物证据说明底水很可能是贫氧的。

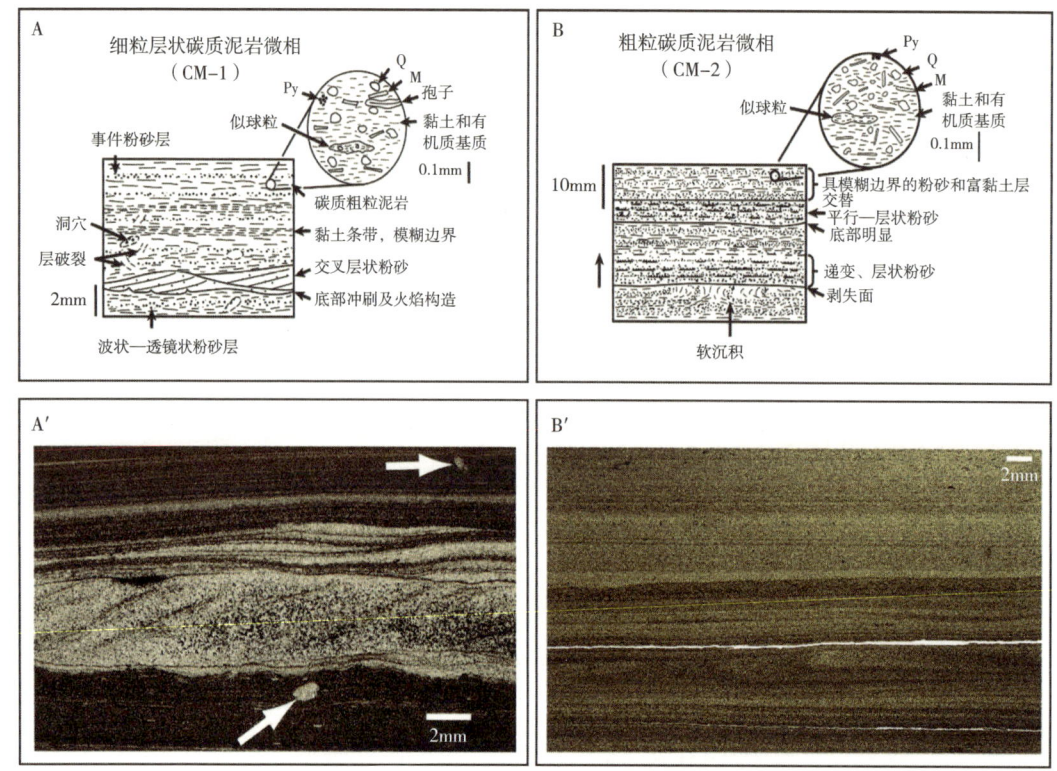

图 5.7 CM 相组合：Middlesex 页岩中的碳质泥岩

手绘图 A、B—概括了相组合 CM 的两个微相特征。比例尺长度是变化的

M—云母；Q—石英；Py—黄铁矿

A′—微相 CM-1 显微照片，照片的中部为交错层理，顶部突变的粉砂层可能是底流改造产物。注意在上覆和下伏碳质泥岩中的细粉砂层理和粉砂填充洞穴（箭头）；B′—微相 CM-2 显微照片，与手绘图 B 一致

5.1.11 相组合总结

5.1.11.1 事件沉积

Triangle 组、Johns Creek 页岩、Middlesex 页岩中中—富砂和粉砂薄层具有共同沉积特征（如底部侵蚀、逃逸迹、递变层理；图 5.3～图 5.7），表明都是事件沉积。因为它们出现在沿滨岸—近海的方向横断面中相对应的位置。

相组合 SM 中富砂薄层的沉积特征表明沉积事件水流最初足以侵蚀泥质基底，随后流速减缓，开始沉积薄层状砂。同样，相组合 GM（图 5.5）的粉砂/黏土层，表明最初为侵蚀作用，随后流速减小并开始沉积。这些事件沉积特征和总体形态与现代风暴控制陆架泥沉积特征相似（如北海，Gadow 和 Reineck，1969；Reineck，1974；Aigner 和 Reineck，1982）。

比较现代北海陆架泥和相组合 SM 相组合中的薄砂层，可以发现后者是近源风暴沉积，而 GM 相组合的递变粉砂岩/黏土地层与远端风暴沉积很相似（Gadow 和 Reineck，1969；Aigner 和 Reineck，1982）。北海最远风暴层是"泥风暴沉积"（Aigner 和 Reineck，1982），可能对应 Triangle 组 GM-1 中的块状黏土层（图 5.5A）。

在 Triangle 组厚层砂层中（相组合 SM、BM 和 GM）可以观察到丘状交错层理、底部冲刷、递变层理和底部化石碎片。这些特征是风暴沉积的良好指示物（Dott 和 Bourgeois，1982）。这一观点也得到了化石组合证据支持，砂岩中的化石组合与泥岩夹层中化石组合相同（Bowen 等，1974）。砂岩底部的贝壳和撕裂构造很可能风暴高峰期间从下面的淤泥中卷上来形成，而上覆砂岩可能反映风暴的减弱（Kreisa 和 Bambach，1982）。

砂岩底部河道特征具有沟槽铸模形态（Reineck 和 Singh，1980），可能是离岸流（Nummedal，1991）或集中的"喷射状流"（Aigner 和 Reineck，1982）侵蚀所形成，这些流体由于"离岸梯度流"（Allen，1982）所形成。Triangle 组向西（近海）的古水流（Sutton 等，1970）以及 HCS 层向西倾斜、低角度交错层理（BM 相）均支持这种解释。后者与 Nøttvedt 和 Kreisa（1987）描述的组合流风暴层相似。相组合 BM 中的泥质充填冲刷面与砂岩层的河道特征在形状和深度上均具有可比性，因此认为它们成因相同。

总的来说，风暴沉积向海方向逐渐变薄、变细并且减少（Allen，1982；Dott, Bourgeois，1982；Aigner, Reineck，1982）。在 Triangle 组中，典型厚层近源的风暴砂，与远物源薄砂层和粉砂层互层。Aigner 和 Reineck（1982）将北海类似的"近源"和"远源"风暴层互层现象归因于风暴强度变化。强风暴作用形成更广泛的厚层地层，而较弱的风暴则在受干扰的泥质层段内形成薄的风暴层。

相组合 SM、BM 和 GM 中厚砂岩层（强风暴层）的间隔和比例，连同向西的古水流和向西变薄的 Triangle 组（图 5.1）说明了风暴可能搬运沉积物经过所有三个相带。然而，在处于相组合 SM 和 GM 之间的相组合 BM 中，只发现较厚的风暴砂岩，没有相组合 SM 和 GM 中薄的风暴沉积。这一矛盾可以用相组合 BM 中强烈的生物扰动作用加以解释和说明。

在 Johns Creek 页岩和 Middlesex 页岩薄粉砂层中（相组合 LM 和 CM；图 5.6、图 5.7），从波状层理到披覆平行层理的递变和垂向序列指示了水流逐步衰弱的沉积。最初也认为可能是风暴成因，就像东部相组合 GM 中的粉砂层。然而，沉积特征的垂向序列（如减弱波痕）与目前只有在细粒浊积岩沉积中出现的特征相吻合（Stow 和 Piper，1984；Stow 和 Shanmugam，1980）。相组合 LM 中所观察到的厚层粗泥岩证实了这些薄粉砂层的浊积岩成因。这些岩层中垂向上沉积特征序列（底部槽模、平行层理、波痕、披覆层理），说明沉积来自衰弱流体，并与缺失底部的鲍马序列相对应。Walker 和 Sutton（1967）研究 Sonyea 群上部认为有相似的粗粒泥岩层，这些粗泥岩层同样也是浊积岩沉积。因而，互层浊积粗粒泥岩层及与相组合 GM（Triangle 组）的递变粉砂岩层有细微的差异，说明相组合 LM（Johns Creek 页岩）和相组合 CM（Middlesex 页岩）中的薄层递变粉砂很可能为细粒浊积岩沉积。槽痕和交错层理一致向西表明 Triangle 组是这些浊积岩物源。

下 Sonyea 群从风暴沉积到浊积岩沉积的横向变化，说明 Triangle 组（相组合 GM）沉积在风暴浪基面以上，Johns Creek 页岩和 Middlesex 页岩的薄粉砂层（相组合 LM 和 CM）沉积在风暴浪基面以下（Walker，1979）。尽管 Walker（1979）模型中需要斜率不变，但是下坡重力特征（图 5.6）表明 Johns Creek 页岩为较陡的斜坡沉积。

根据 Johns Creek 页岩西斜坡的沉积特征（相组合 LM），其碳质特征、沉积物向西搬运以及向西变薄（图 5.1），将 Middlesex 页岩解释为下 Sonyea 群内最远源、最深水沉积。这一观点与 Byers（1977）、Sutton 等（1970）和 Bowen 等（1974）的研究结果一致，并且是对阿巴拉契亚盆地中的"黑色页岩"相普遍接受的解释（Woodrow，1985）。然而并不是相组合中 LM 和 CM 中所有粉砂层都可以归因于浊积岩沉积。如上所述，上部具突变接触的粉砂层理（图 5.6 和图 5.7）说明了牵引流搬运作用。它们也可能是搬运泥质悬浮物底流引起的泥质波状迁移沉积（Schieber 等，2007）。

5.1.11.2 粉砂/黏土组合

其他细粒沉积研究中已经有很多关于粉砂/黏土组合的研究（Schieber，1986，1989，1990，1994b）。在这些研究中粉砂/黏土组合出现在广泛的沉积环境中，表明它们的形成与特定的沉积环境无关。正递变层理表明它们记录了来自减速悬浮粉砂和黏土沉积。在 Sonyea 群，粉砂/黏土组合在整个沉积体系中均有发现：河流沉积（相组合 RM-1、RM-5 中）、海岸沉积（相组合 SM）、陆架沉积（GM-1、GM-2）、斜坡沉积（LM-1）和远端盆地沉积（CM-2；图 5.3）。

在上述讨论 Sonyea 群事件沉积时，对粉砂/黏土组合最好的解释是水流减弱的产物。在水动力足够强大可以侵蚀基底的地方，当水的流速减小时沉积一系列细粒沉积。印第安纳大学进行的水槽试验显示，如果降低含粉砂和黏土的悬浮液的速度，最先的沉积是富含粉砂的交错层理波痕，其后是粉砂和黏土絮凝物的波状和交错层理互层，最后主要为黏土絮凝物组成的波纹（Schieber 等，2007）。一旦水流停止，剩余黏土覆盖在早期形成的波痕之上。受压实作用影响，粉砂质底部的波痕很可能会被保存下来，上部富含黏土的波状交错层理会变得模糊不清。泥质悬浮液流速降低可能由河流洪水、风暴时期的离岸梯度流、斜坡盆地环境下的细粒浊积岩等引起。因此，在 Sonyea 群沉积体系中观察到它们并不奇怪（图 5.3）。

相组合 GM 中的递变粉砂/黏土组合与风暴控制的现代大陆架泥（Reineck 等，1967；Reineck，Singh，1972；Aigner，Reineck，1982；Johnson 和 Baldwin，1996）有许多共同特征（例如底部冲刷面、递变层理和平行层理）。现代陆架泥沉积研究表明，波浪形成的泥悬浮液与潮汐流或河流汇合，可能形成流体泥浆层跨大陆架搬运作用（Harris 等，2005；Palinkas 等，2006；Martin 等，2008）。尽管这些研究中假定泥浆搬运是流体泥浆层在重力作用下完成的，但有关沉积物的 X 射线照片却显示所产生的地层的底部为砂/粉砂/泥岩互层。最有趣的是，这些层理下超在基底面之上，该基底面已有大量实例发表（Martin 等，2008）。在我们的实验中，这可能为砂、粉砂和黏土的混合物底负载搬运和沉积所产生，并且开启了一种有趣的可能性，即所谓的流体泥浆沉积（Wright，Friedrichs，2006）实际上是由下部交错层理（如果没有砂或粉砂几乎看不见），以及上部由高密度泥悬浮液沉降所形成的块状沉积部分组成。在压实作用下，显示出在古老的泥质陆架沉积序列中所观察到的粉砂/黏土组合形态（Schieber，Yawar，2009）。

5.1.11.3 滨岸沉积

无论是本研究还是前人研究，在 Sonyea 群下部均没有发现典型的滨岸沉积（海滩、海岸）。Catskill 海岸沉积属于 Cattaraugus 大相（边缘海相和河流相砂岩），这些在下 Sonyea 群不发育。可能该时期海岸线相当泥泞。宾夕法尼亚的 Walker 和 Harms 曾经描述过（1971）Catskill 泥质滨岸沉积序列。

5.1.11.4 生物扰动梯度

相组合 BM 中的完全生物扰动泥岩表明生物成因的改造速度超过了沉积速度（Bromley，1990），并且说明在强风暴停止期间沉积速度足够小，使海底泥遭受完整的底栖改造作用。动藻迹钻洞生物体缓慢改造较深部基底来捕食，并在洞穴中生活（Bromley，1990）。沉积物的斑状结构和古生态学特征，如缺乏功能性的管足，有很长的刺腕足类（Bowen 等，1974）也指示了相组合 GM 软基底表面。相组合 BM 中普遍存在的动藻迹虽然指示软质表层，但总的基底稳定性和缓慢沉降不变。相组合 BM 中更频繁的生物扰动（与相组合 SM 相比）与较低能量和深水环境的缓慢沉积一致。

上面提到的相组合 BM 缺乏在邻近相组合中发现的风暴沉积薄层，从相带观点来看它们本应该出现。缺失这些沉积物可能是保存条件问题。例如，相组合 BM 中含有大量动藻迹，这是一种有高保存潜力的深层遗迹化石（Bromley，1990）。因此，动藻迹在这些沉积物中的出现解释了薄风暴层减少的原因。加上缓慢的沉积速度，动藻迹强烈钻洞作用有可能已经破坏了相组合 BM 中少量薄层的风暴记录。古生态学观察确实证实了这种情况。例如，相组合 BM 泥岩中的壳类底栖生物表明间歇性侵蚀和快速沉积事件特征，这与沉积物改造和风暴作用的再次沉积作用一致（Bowen 等，1974）。

相组合 GM 中生物扰动作用相对于相组合 BM 的净沉积速率明显减少，说明除了沉积速率以外还有其他因素影响了生物扰动作用。相组合 GM（不是 BM）中出现分支洞穴说明海底的低氧条件可能是生物扰动作用减少的原因（Bromley 和 Ekdale 1984）。例如，深水沉积可能引起底部水流氧气减少。Triangle 组中风暴砂体向西变薄并减少说明水体向西逐渐变深，这一观点与分支洞穴向西增加所指示的底水氧化作用减少一致。对于该解释还有其他的证据，如相组合 GM 缺乏壳类动物群，表生植物种类少，并且向西数量减少（Bowen 等，1974）。

相对于 GM 相组合，LM 相组合（John Creek 页岩）的生物扰动强度下降，这一现象可能说明：（1）沉积速度加快；（2）环境影响，如底层水缺氧。下 Sonyea 群净沉积速度向西明显降低（图 5.1），说明（1）的可能性不大。根据上述讨论 Triangle 组（GM 相组合）底层水含氧向西降低的情况来看，相组合 LM 生物扰动的进一步降低可能原因是缺氧情况进一步加剧。Bowen 等（1974 年）根据实体化石稀缺，得出了类似结论：相组合 LM 泥岩沉积在低氧且氧含量不断变化的区域中。

较之相组合 LM，相组合 CM（Middlesex 页岩）的生物扰动更加微弱。大量有机质和成岩黄铁矿的存在表明：相组合 CM 碳质泥岩内的生存条件很可能比 Sonyea 群东边区域更加恶劣（图 5.1）。作为 Sonyea 群最远端沉积，相组合 CM 碳质泥岩可认为是深海有机碎片缓慢沉积的产物，有机碎片被远端、细粒浊流沉积所稀释。

5.1.11.5 "黑色页岩"成因

在 Sonyea 群的最初研究成果发表时（Schieber，1999），有关"黑色页岩"成因争论主要集中在两个方面：（1）地表水的初始产量增加；（2）水体分层导致的普遍缺氧（Demaison，1991；Demaison，Moore，1980；Byers，1977；Pedersen，Calvert，1990；Calvert，1987；Calvert，Pedersen，1992；Wetzel，1991；Wignall，Hallam，1991）。底流证据（图 5.7）让我们怀疑是否真的存在长期的水体分层现象。洞穴和纹层断裂（图 5.7）表示有底栖生物存在，这也表明底层水中至少含有一定量的氧。在断续氧化的情况下也可能产生上述特征，例如浊流（Grimm，Föllmi，1994；Potter 等，1982）。尽管如此，无处不在的粉砂/黏土球粒（图 5.7）表明事实并非如此。此外，"黑色页岩"中，大量生物扰动多出现在沉积早期，此时沉积物水分含量较高（80%~90%），因此这些岩石一旦被压实，外形极不稳定。在仔细研究后发现，包括阿巴拉契亚盆地的泥盆系在内的很多"黑色页岩"普遍显示生物扰动迹象（Schieber，2003；Schieber 等，2010b）。另一显示底层水中存在氧气的证据是出现黏结的底栖有孔虫，该底栖生物必须要有少量氧气才能生存，并且出现在包括 Sonyea 群在内的很多泥盆系"黑色页岩"之中（Schieber，2009）。现代缺氧富有机物底部泥岩通常为摄食沉积物的多毛类蠕虫，这些蠕虫使沉积表面形成球粒状，并形成洞穴及洞穴通道（Tyson，

Pearson,1991)。这些构造特征在压实之后不复存在（Cuomo，Rhoads，1987）。相反，这些碳质层状沉积物之间粪球是这些蠕虫曾经存在的唯一迹象（Cuomo，Rhoads，1987）。Cuomo 和 Rhoads（1991）认为底栖生物粪球主要为粉砂、黏土和有机物，而浮游动物粪球则含有大量的生物成因组分。相组合 LM 和 CM 中粉砂/黏土球状粒与 Cuomo 和 Rhoads（1987）及 Cuomo 和 Bartholomew（1991）描述的底栖生物粪球非常相似。这些球状粒的存在进一步表明在 Sonyea 群碳质泥岩中存在底栖生物。根据上述结论，考虑到底层水含氧离岸越远越微弱，水体分层不可能是碳质泥岩在 Sonyea 群远端沉积的主要原因。值得注意的是，横向上与"黑色页岩"相对应的阿巴拉契亚盆地其他区域在相对较浅的水体，并与水柱频繁混合沉积体增加可能是 Sonyea 群"黑色页岩"最可能的成因（Schieber，1994a）。另外，如 Tyson 和 Pearson（1991）提出的季节性耗氧模型也与本研究中的特征相符。

5.1.12 总结

图 5.8 总结了下 Sonyea 群沉积过程中共存的几种沉积环境。尽管整个 Sonyea 群主要为泥岩，但是不同的相组合泥岩沉积过程不同。

根迹、断层擦面、泥岩裂隙和雨滴印痕的存在表明，相组合 RM 沉积于陆地环境（土壤及漫滩）和湖泊中。比较而言，各种波浪成因特征、快速沉积的富黏土层和近端风暴沉积物表明，相组合 SM 沉积于近岸三角洲环境，这里波浪改造和分叉河流的沉积物非常重要。向西流动的古水流，相组合 SM、BM 和 GM 中砂岩丘状交错层理，递变的粉砂/黏土组合及"泥质"风暴沉积表明风暴引起离岸流将沉积物从相组合 SM 运移经过相组合 BM 和 GM 向西移动。相组合 LM 出现具有鲍马层序的粗粒泥岩层、递变的粉砂/黏土组合（不明显的波状层理）和松散的结构表明，浊流搬运沉积物经过斜坡进入了盆地的远端。此外，相组合 LM 和 CM 中部分粉砂岩层牵引搬运，说明底流改造了海床沉积。

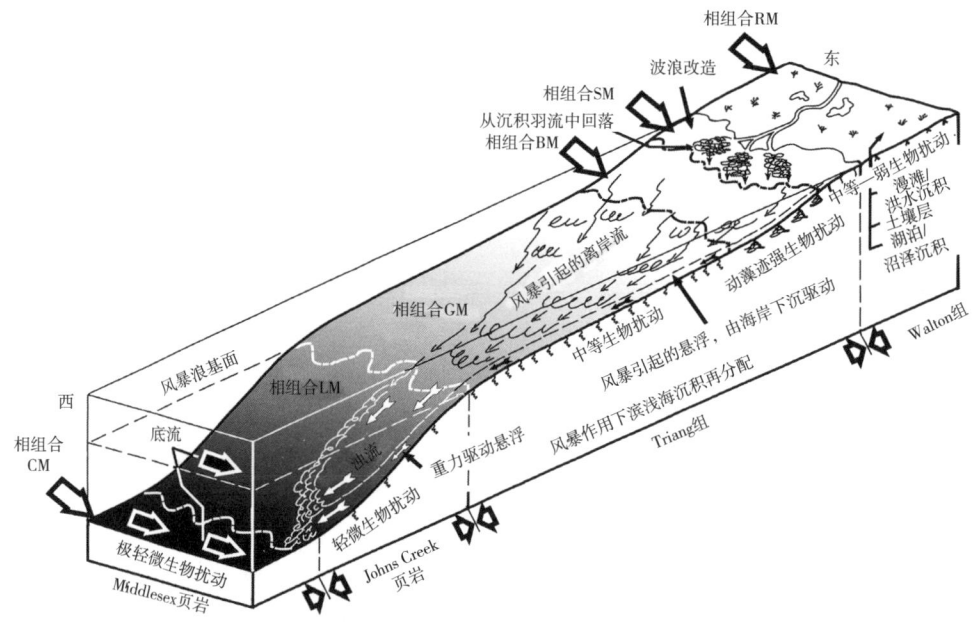

图 5.8 下 Sonyea 群六种泥岩相组合及对应地层单元沉积模式图（双虚线为水下相组合边界）

随着底层水含氧量降低，生物扰动向西逐渐减弱。相组合 BM 中，动藻迹产生的强烈生物扰动完全清除了泥岩风暴沉积物，并产生了"假"层理，这种层理是生物扰动的产物，而不是原始沉积结构。底栖生物的存在不仅表现为有壳底栖生物和生物扰动作用，也表现为更细微的特征——纹层断裂，解释为底栖多毛蠕虫粪粒的粉砂/黏土颗粒。后者在碳质相组合中（LM，尤其是 CM）普遍存在，说明即使在可能缺氧的环境中，部分底栖生物也能生存。这就说明 Sonyea 群中碳质泥岩可能并非产生于水体分层和缺氧底层水，而是地表水高产率的结果。"泥盆系内陆海底层水在 Sonyea 群沉积期间基本不缺氧"这一断定也因在"黑色页岩"地层中发现团块状底栖有孔虫而得到证实（Schieber，2009）。

本研究表明，通过仔细研究抛光片和薄片，可以从泥岩中获取大量珍贵信息，沿着近岸—滨海运移方向可分为一系列共存泥岩相。本研究中观察到的小型沉积特征可以说明多种沉积条件信息，包括洋流的方向和强度、运移和沉积过程、基底坚实度和稳定性、再沉积频率和供氧情况。通过研究泥岩和砂岩得出的古环境重建，较之单独研究砂岩互层提供了更多的资料。源于泥岩数据补充砂岩和古生态学研究资料，可以据此完善解释结论。

阿巴拉契亚盆地的"黑色页岩"因为有着巨大的经济潜力而成为普遍的研究对象（Kepferle，1993）。本研究证明了底栖生物甚至曾存在于盆地最深处的"黑色页岩"中。这一发现促使我们重新审视早期研究范例，同时更新了 Tennessee 和 Kentucky "远端黑色页岩"研究（Schieber，1994a，1994b，1998a，1998b，1999，2003，2009；Lobza 和 Schieber，1999），也让我们更好地理解"黑色页岩"。

本研究采用的方法总体上可应用于泥岩沉积序列研究。方法简单，可广泛应用于有关泥岩序列的具体问题的早期研究。随着类似研究实例的不断增多，特定构造和海洋环境下相模式可能重复出现，由此根据预测的泥岩相组合建立通用沉积模型。

5.2　上泥盆统 New Albany 页岩薄片观察

从薄片到岩心，泥岩无论横向还是纵向均呈现非均质性。本文基于 Kavanaugh1－3 井（Daviess 公司，Indiana）薄片观测实例及对应岩心来说明伊利诺伊盆地上泥盆统 New Albany 页岩的非均质性及其地层意义。通过上述薄片观察，可以详细描述对应地层单元主要沉积特征并解释 New Albany 页岩沉积序列主要地层界面。这些薄片观测主要结果如下：（1）保存完好的、球形 *Tasmanites* 孢粉大量富集（80%体积），表明其沉积环境为与最大洪泛下超面相关的饥饿型沉积；（2）在沉积序列边界之上沉积有大量改造的、破碎的、未滚动的 *Tasmanites* 孢粉、黄铁矿或者砂粒大小的圆形石英颗粒、腕足类化石碎片和牙形石。

上泥盆统 New Albany 页岩是伊利诺伊盆地主要烃源岩和储层（图 5.9，Cluff 等，1981；Barrows，Cluff，1984；Cluff，Byrnes，1991；Hassenmueller，Comer，2000；Curtis，2002；Lazar，2007）。

之前已有关于 New Albany 页岩内部分层研究（Campbell，1946；Lineback，1964，1968，1970；Ettensohn，1992；Roen，1993；Sandberg 等，1994；Over，2002；Lazar，Schieber，2006；Lazar，2007；Over 等，2009）。根据化石、岩性和节理模式综合分析，Cambell（1946）最先提出 New Albany 页岩六分的地层划分方案（图 5.10）。Lineback（1964，1968，1970）将 Cambell 地层划分方案进行了大幅修改，将 New Albany 页岩地层根

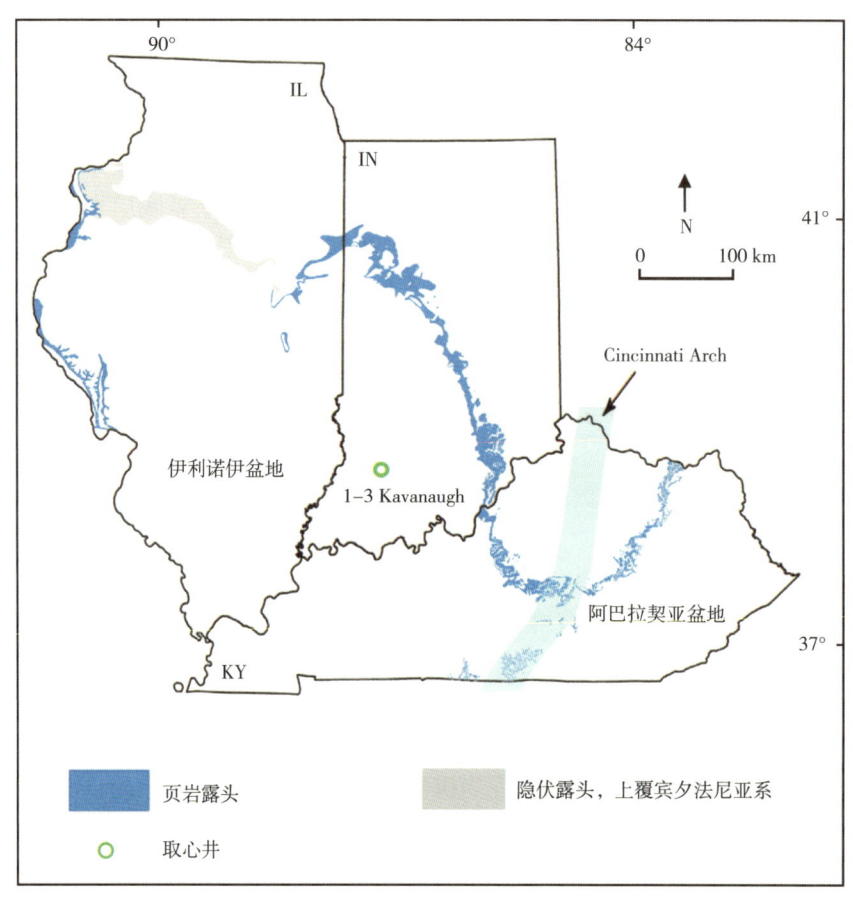

图 5.9　Kavanaugh1-3 井和 New Albany 页岩露头带位置图（据 Lazar，2007）

据岩性划分为 5 段和 4 层（图 5.10）。后来研究（Cluff 等，1981；Hasenmueller 等，2000）建立了 Lineback 岩石地层框架，并且根据伊利诺伊盆地不同地区 New Albany 页岩细分出另外 8 段和 1 层。至此，一个包含 13 段和 5 个层的复杂区域性岩石地层框架应用于 New Albany 页岩地层研究之中（Hasenmueller 和 Comer，2000）。然而，13 段和 5 个层地下分布情况并非一致，一部分岩石地层单位只存在于局部地区，且大多以印第安纳州和伊利诺伊州的州界线为边界（Hasenmueller 等，2000）。

　　基于宏观到微观的露头、岩心、薄片和伽马曲线，结合沉积学、古生物学、地球化学和地球物理学建立的层序地层格架（Lazar，2007），在该格架内重新定义 New Albany 页岩内部地层。在泥盆系 New Albany 页岩序列中，已经发现四个沉积层序（图 5.11）。每一个沉积层序（边界为横向延伸的侵蚀面）由 1~3 个不同地层单元组成，这些地层单元具有特定的物理、生物和化学特征，并被解释为体系域（图 5.11，Lazar，2007）。本文首先介绍一些用于构建 New Albany 页岩层序地层格架的方法，然后介绍两个薄片观测实例，该实例与 New Albany 页岩主要地层界面相对应。薄片及对应岩心和测井数据来自印第安纳州戴维斯县 Kavanaugh1-3 井。关于该井 New Albany 页岩沉积和层序地层的详细描述可以翻阅 Lazar 在 2007 年发表的文章，此处不再赘述。

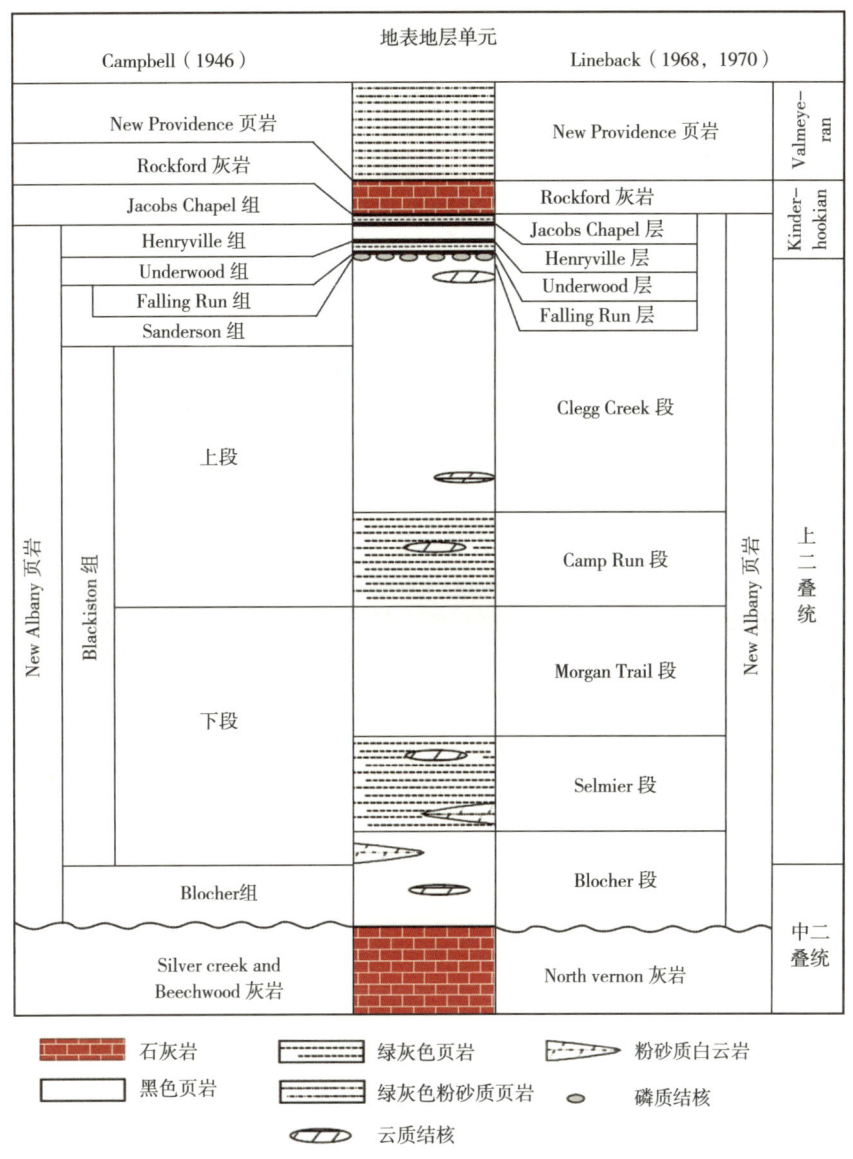

图 5.10 New Albany 页岩岩性地层划分图
(据 Lazar, 2007; Cambell, 1946; Lineback, 1968、1970)

5.2.1 建立 New Albany 页岩层序地层格架

层序地层学为一个综合多种类、多尺度手段的地层格架。如果想了解层序地层学基础概念及层序地层学在泥岩地层中的应用实例，参阅以下研究成果：Schwalbac 和 Bohacs (1992)，Bohacs (1998)，Macquaker 等 (1998)，Schieber (1998a, 1998b)，Macquaker 和 Jones (2002)，Lazar (2007)，Bohacs 和 Lazar (2008, 2010)，Abreu 等 (2010)，Bohacs 等 (2004)。再次研究田纳西州和肯塔基州中—晚泥盆世 Chattanooga 页岩沉积史 (Schieber, 1998a)，为这些泥岩序列建立更加合理的层序地层格架，并为同时代其他泥岩序列（如伊利诺伊盆地 New Albany 页岩) 内部地层再评价奠定了基础。一处露头，三口取心井（包括

89

Kavanaugh1-3井），51个抛光薄片和219口伽马测井数据，跨度几百千米，涵盖伊利诺伊盆地New Albany页岩全部地质背景和地层信息，用来识别和对比典型地层界面和地层组合（Lazar，2007）。根据以下七种标准区分地层单元和主要地层界面：（1）沉积相在纵、横向上的变化（如结构、层理、组成、是否存在生物扰动、痕迹和实体化石的类型和丰度、成岩作用、有机碳含量）；（2）地层单元之间存在与侵蚀相关的地质特征（如蚀余沉积或者刀刃状接触）；（3）牙形石数据；（4）出现Protosalvinia生物地层标志物；（5）荧光极大值；（6）存在特征伽马曲线；（7）垂直叠加模式和地层终止。其中最有趣的是蚀余沉积。蚀余沉积现象在New Albany页岩的岩心、露头和薄片中广泛存在（Lazar，2007）。蚀余沉积通常定义为下伏沉积单元经过侵蚀和簸选后形成的粗粒残余沉积（Schieber，1998a）。蚀余沉积按照侵蚀下伏地层深度分为高能蚀余沉积（骨架层、砂、硫铁矿和厚层粉砂岩）和低能蚀余沉积（粉砂、牙形石和舌形贝沉积；Schieber，1998a）。高能蚀余沉积被认为是罕见的异常强烈风暴（基本100~10000a爆发一次）形成的沉积现象，该现象可能与沉积空间减少导致的沉积物强烈改造有关。低能蚀余沉积则认为是较为频繁（基本10~100a发生一次）的常见风暴所形成的沉积现象（Schieber，1998a）。高能蚀余沉积往往意味着下伏泥岩层发生明显侵蚀现象和分离作用。例如，单位体积内平均2.2%黄铁矿并且厚度至少99cm泥岩层经过完全剥蚀和分离后变成3cm厚80%黄铁矿含量的蚀余沉积（Ettensohn等，1988；Schieber，1998a）。然而并不是所有侵蚀界面都有蚀余沉积标志（Schieber，1998a）。剥蚀作用可以在泥岩层底部形成岩性成分突变的刀尖状接触（Schieber，1998a）。经过与现代沉积环境对比，发现大量蚀余沉积和细粒沉积序列内的刀刃状接触通常标志着沉积物形成于一个相对较浅沉积环境，该环境易受风暴和海平面波动影响（Schieber，1994a，1998a，1998b）。

紫外线反射方法用以检测含大量壳质组显微组分的岩心层段。在紫外线照射下，这类有机粒子通常呈现鲜明的绿色、黄色和橙色等荧光色（Taylor等，1998）。在上泥盆统"黑色页岩"中，紫外线扫描结果主要受海洋藻类Tasmanites影响，呈明亮的黄色荧光。因为Tasmanites碎屑不容易受微生物降解作用影响，所以无论是由于底流改造作用还是沉积物极度匮乏，沉积物中均富含Tasmanites碎屑。前一种情况，Tasmanites碎屑富集是由于去除了黏土和其他细粒物质，并且可能记录了典型的剥蚀作用，如在层序边界。后一种情况，由于在最大洪水期缺乏碎屑输入，大部分不稳定有机物被生物有效降解从而形成Tasmanites碎屑富集（Schieber，1998b；Lazar，2007）。利用四个长度为126cm的40W紫外线（波长为365nm）作为光源，对Kavanaugh1-3井岩心整个New Albany页岩沉积序列进行紫外线扫描。扫描结果显示多个层段呈明显的黄色紫外线响应（Lazar，2007）。通过对上述层段中的薄片进行检测，最大荧光主要是受大量Tasmanites碎片影响，不论碎片处于破碎状态还是原始状态（Lazar，2007）。

牙形石，一种类似牙齿的磷酸钙微化石，是外形类似鳗鱼的无颌脊椎动物的遗体（Donoghue等，2000；House，Gradstein，2004），也是泥盆纪生物地层对比的重要标志（Huddle，1934；Ziegler，Sandberg，1990；Sandberg等，1994；Over，2002；Lazar，2007；Over等，2009）。针对Kavanaugh1-3井整段岩心层理面和蚀余沉积开展牙形石检测（Lazar，2007），然后，将牙形石生物地层与晚泥盆世绝对时间尺度进行对比，从而构建一个基于牙形石的年代地层学框架，该框架独立于基于主要物理地层界面盆地范围内可对比的地层（洪泛面和侵蚀面；Lazar，2007）。此外，地层单元与Johnson等（1985）研究的全球海侵—海退循环进行对比，不能揭示海平面升降变化在New Albany页岩形成中的作用。

Protosalvinia（又名 *Foerstia*）是一种植物化石，该化石至今不能确定是属于海洋褐藻还是陆生植物（Schopf, Schwietering, 1970; Phillips 等, 1972; Niklas, Phillips, 1976; Gray, Boucot, 1977, 1979; Romankiw 等, 1988; Hannibal, 1994; Over 等, 2009）。*Protosalvinia* 小于 5mm 的椭圆外形和双叶状碳质压缩物的特点，在地层界面上非常容易识别（Schopf, Schwietering, 1970; Niklas, Phillips, 1976）。鉴于在美国东部晚泥盆世细粒岩序列特定地层中发育并且平面上广泛分布，使得 *Protosalvinia* 成为区域对比生物地层标志（Kepferle, 1981; Hasenmueller 等, 1983; Roen, 1993; Schieber, Lazar, 2004; Schieber 等, 2010b; Lazar, 2007; Over 等, 2009）。

因为不同类型沉积岩含有不同含量的放射性元素，因此伽马曲线经常用于辅助地层对比工作（Slatt 等, 1992; Johri, Schieber, 1999; Lazar, Schieber, 2006; Bohacs, Lazar, 2008）。盆地范围内泥岩沉积序列对比可以揭示地层叠加模式，横向上地层界面和地层单元分布情况（Bohacs, Schwalbach, 1994; Bohacs, 1998; Schieber, 1998b; Schieber, Lazar, 2004; Lazar, Schieber, 2006; Lazar, 2007）。例如，伽马曲线可以揭示泥岩沉积序列包含有一系列可以在全盆地范围连续追踪的地层单元。另外，伽马曲线也可以揭示相邻泥岩沉积层序之间存在明显横向差异。如果这种差异是由于地层剖面顶部削截造成的，则极有可能是由于单独地层单元顶部部分或者全部被侵蚀截断造成的（Lazar, 2007）。共计 219 条反映 New Albany 页岩的伽马曲线测井数据经过处理和数字化用以开展 New Albany 页岩沉积序列地层单元和界面详细对比工作，这 219 口井分布于印第安纳州西部、中部、南部和西南部，肯塔基州西部，伊利诺伊州的东部和南部（Lazar, 2007）。

从 Kavanaugh1-3 井的岩心中收集到约 2cm 厚样品 44 个，在印第安纳大学地球化学分析实验室进行有机碳含量测试（C_{org}），其中的 41 个样品在 LECOC/S244 元素分析仪测试，另外 3 个样品在 EltraCS-2000 分析仪测试（Lazar, 2007）。有机碳测量值（C_{org}）以有机碳含量占岩样的百分比的形式表示（Lazar, 2007）（图 5.12）。

5.2.2 Kavanaugh1-3 井地层解释和薄片观测实例

本文用两个例子（综合 Kavanaugh1-3 井的薄片观测结果和伽马数据）来证实 New Albany 页岩中存在最大洪泛面和层序界面。

第一个例子是分隔第 6 单元（海侵体系域）和第 7 单元（高位体系域）边界。第 6 单元岩性为黑色条带状泥岩，富含黄铁矿和白云石的厚约数毫米的粉砂质层（图 5.12、图 5.13; Lazar, 2007）。第 6 单元底部伽马曲线强度和有机碳含量的突然增加，表明该段为海侵时期碳质泥岩沉积（图 5.12、图 5.13; Bohacs, 1998; Lazar, 2007）。第 6 单元含有早期 Famenian 阶下 *Triangularis* 到上 *Triangularis* 带牙形石（Lazar, 2007）。这些牙形石生物带与 Johnson 等（1985）（Ⅱe）海侵—海退旋回海侵初期沉积环境对应（图 5.12）。相对于第 6 单元，第 7 地层单元通常由黑色—深棕色较厚泥岩层（5~150cm）和灰色—深灰色或者棕色较薄生物扰动泥岩组成（图 5.12、图 5.13; Lazar, 2007）。第 7 地层单元所含牙形石显示该地层年龄从下 *Crepida*—上 *Crepida* 带（图 5.12、图 5.13; Lazar, 2007）。这些早—中期 Famenian 阶牙形石化石，表明该地层形成于（Ⅱe）海侵—海退旋回第一次海侵时期沉积地层上部，该时期相对海平面已达到晚泥盆世的最大值（图 5.12; Johnson 等, 1985; Lazar, 2007）。这些牙形石数据同时表明 Kavanaugh1-3 井中第 6 单元和第 7 单元之间的地层界面可能是一个最大洪泛面。为了验证这个猜想，研究人员利用紫外线光扫描对应第 6 单元岩心

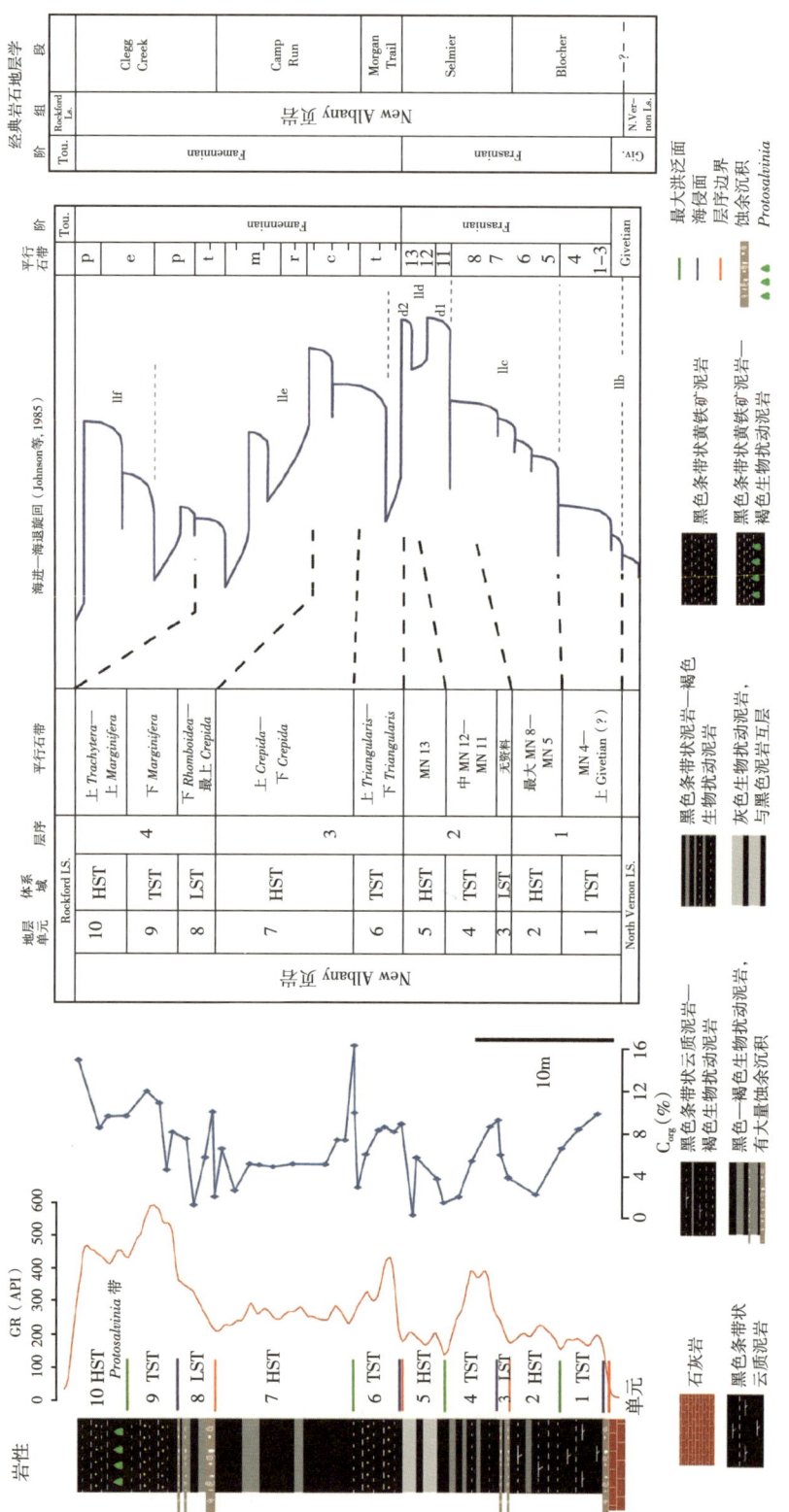

图 5.11 Kavanaugh1-3 井岩心 New Albany 页岩段岩性、伽马曲线、有机碳含量（C_{org}）和地层对比图

岩心中 10 个地层单元与 Johnson 等（1985）根据牙形石分布建立的海进—海退旋回对比。在单元 10 底部出现 *Protosalvinia* 生物标志层。LST—低位体系域，TST—海侵体系域，HST—高位体系域。牙形石带：t—*Triangularis*，c—*Crepida*，r—*Rhomboidea*，m—*Marginifera*，t—*Trachytera*，p—*Postera*，e—*Expansa*，p—*Praesulcata*。取心井位置见图 5.10。岩性地层据 Lineback，1964，1968，1970；Lazar，2007

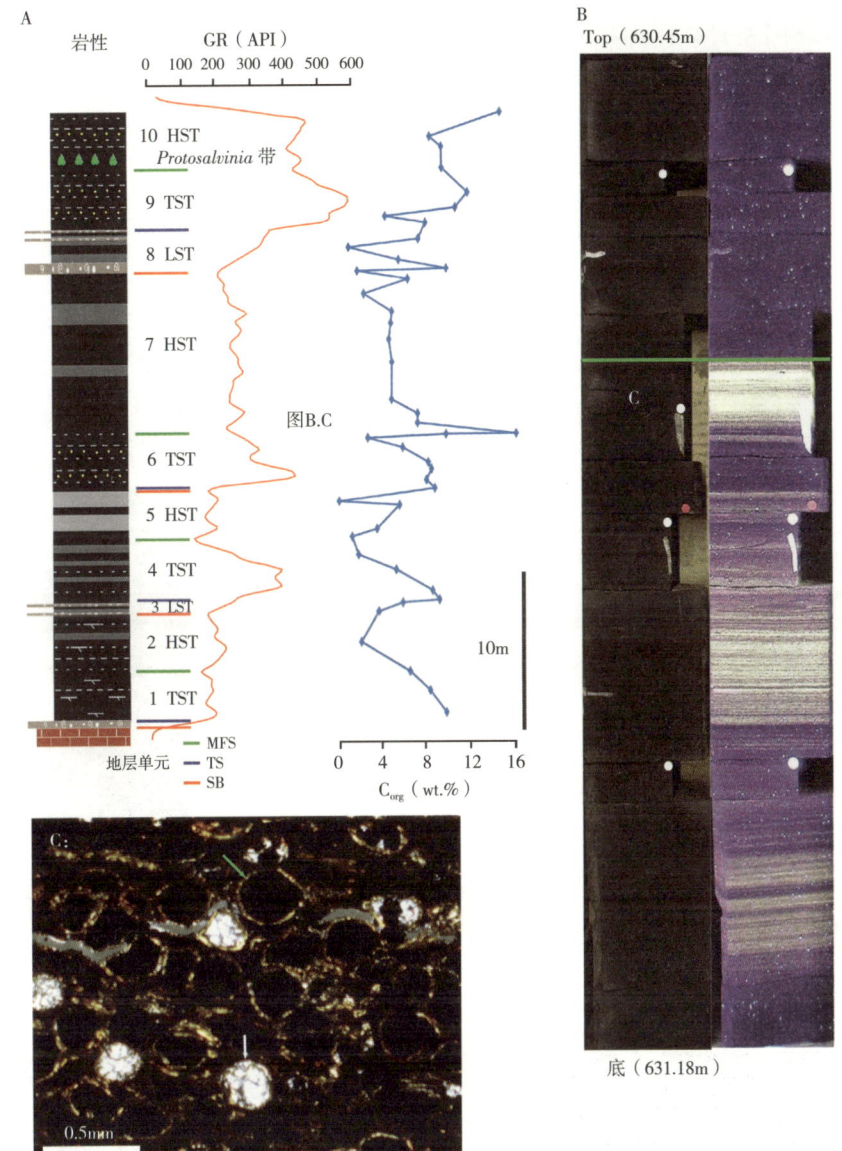

图 5.12 A. Kavanaugh1-3 井 New Albany 页岩段的岩性、伽马曲线和有机碳含量图；B. 第 6 单元和第 7 单元之间边界荧光最大值图（黄色），如此强的紫外线响应是由岩层中含量较高海藻类生物 *Tasmanites* 所造成（占 80%体积），这是最大洪泛面时期的饥饿沉积所导致；C. *Tasmanites* 富集显微照片。出现保存较好的球形碎屑，玉髓充填（白色箭头）或者黄铁矿充填（绿色箭头）（据 Lazar，2007）

段。紫外线扫描结果显示明亮的黄色，最大荧光值位于第 6 地层单元和第 7 地层单元的界面之下（图 5.13；Lazar，2007）。薄片检测结果显示第 6 单元顶部出现荧光最大值之处对应于含油大量富集、保存完好的球形 *Tasmanites* 碎屑之处（占 80%体积）（图 5.13）。*Tasmanites* 碎屑具有很强的抗微生物降解性，其含量和原始状态保存情况表明沉积物的保存和富集是饥饿沉积的结果，这可能与最大海平面上升期间沉积可容纳空间增加有关（图 5.12、图 5.13；Johnson 等，1985；Schieber，1998b；Lazar，2007）。

第8单元为低位体系域（图5.12；Lazar，2007），该层牙形石为最上部 Crepida 带到下 Rhomboide 带（图5.12；Lazar，2007）。年代对应于海退沉积期的早期，该海退期占据 Johnson 等（1985）Famennian 阶Ⅱe 海侵—海退旋回晚期大部分时期。第7单元与第8单元之间的地质界线标志着全盆地范围下伏泥岩地层剥蚀削截和上覆地层上超，为一个层序界面（图5.11、图5.13；Lazar，2007）。岩心观察显示在第8单元下部边界之上发育大量数厘米

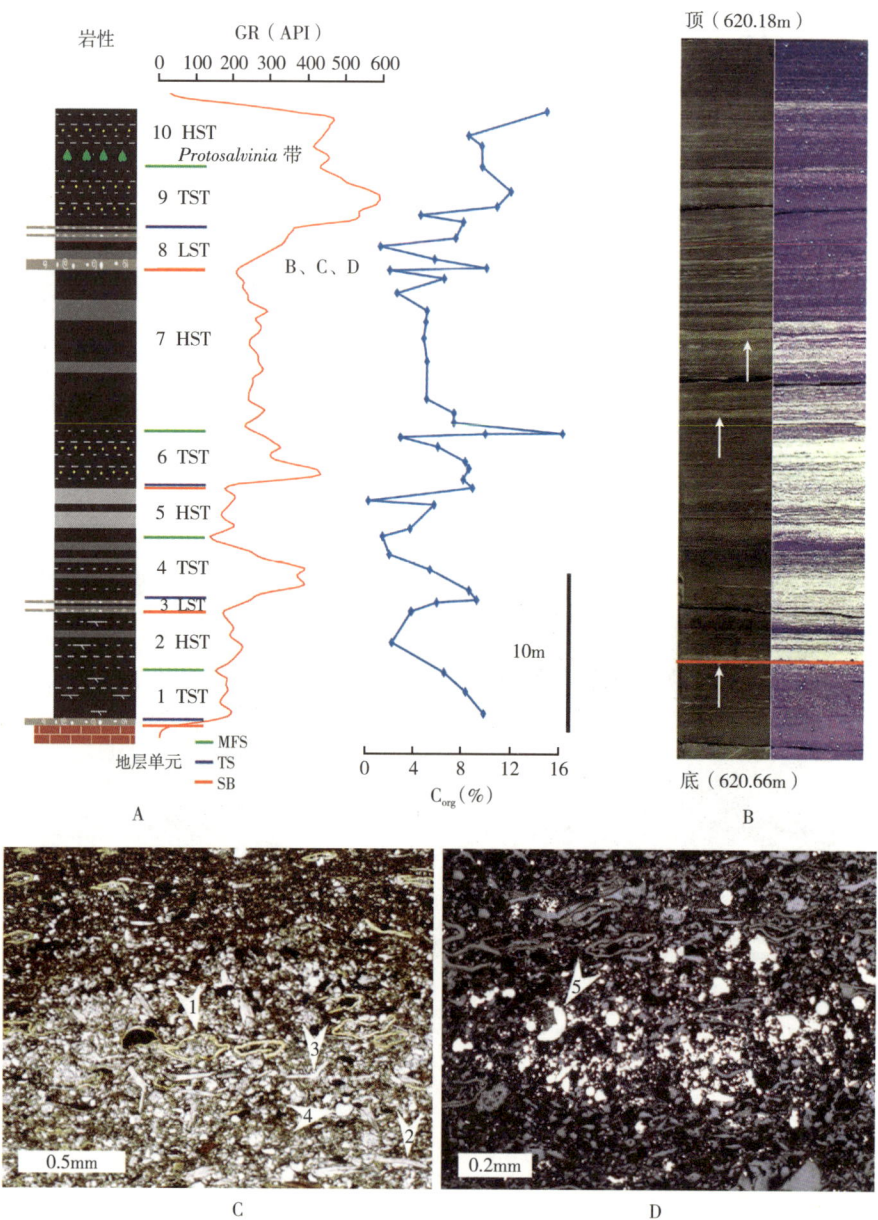

图5.13 A. Kavanaugh1-3 井 New Albany 页岩段的岩性、伽马曲线和有机碳含量图，岩性图例与图5.12中一致；B. 几厘米厚的砂质和黄铁矿蚀余沉积（白色箭头）和荧光最大值（明亮黄色）对应于含量丰富的次生 Tasmanites 碎屑，为第7单元和第8单元之间的层序界面；C、D. 第8单元底部蚀余沉积显微照片。薄片样品位置见 B 图；C. 透射光显示：蚀余沉积由次生 Tasmanites 碎屑（箭头1）、腕足类化石碎片（箭头2）、牙形石（箭头3）和圆形石英颗粒（箭头4）组成；D. 黄铁矿（亮点，箭头5）富集（反光）

94

厚"高能"蚀余沉积（Schieber，1998b），这些蚀余沉积发育在灰色—棕色的生物扰动泥岩之中（图5.13；Lazar，2007）。而薄片检测发现这些蚀余沉积由黄铁矿和砂粒大小的圆形石英颗粒、腕足类化石碎片、牙形石和大量破碎的、次生的、原生 *Tasmanites* 碎屑组成，而 *Tasmanites* 碎屑形成荧光最大值（图5.13）。与现代沉积环境相类比发现这些"高能"蚀余沉积可能形成于一个相对较浅的沉积环境中，该环境受到罕见强风暴作用影响（Schieber，1994a，1998a，1998b）。第8单元下部这些"高能"蚀余沉积的成分和富集表明下伏泥岩地层经历了明显的侵蚀和潮汐冲刷作用，或者经历盆地抬升作用，这些与 Famennian 阶海侵—海退旋回（Ⅱe）中主要海退期低沉积容纳背景下强烈的洋流和波浪改造有关（Johnson 等，1985；Lazar，2007）。第7单元和第8单元之间侵蚀面表明在 New Albany 页岩中存在一个不连续的沉积记录。

5.2.3 结论

薄片观测有助于识别 Kavanaugh1-3 井岩心中地层单元及地质界线的主要沉积特征。薄片观测结合岩心及测井曲线可以帮助研究伊利诺伊盆地上泥盆统 New Albany 页岩层序地层界面划分。本次研究两个实例主要层序界面划分依据如下：（1）岩相变化；（2）地层单位之间是否存在与侵蚀相关的沉积特征（蚀余沉积）；（3）牙形石数据；（4）荧光极大值。基于上述原则识别主要层序地层界面有助于建立 New Albany 页岩特征的层序地层框架。可用于泥岩系列研究，有助于泥岩地层重新评价。

5.3 Kimmeridge 泥岩相分析：泥岩非均质性研究及其意义

摘要：泥岩无论是在微米尺度还是10m尺度范围内观测都是非均质的。对制约泥岩相变的沉积学控制因素比制约其他沉积岩相变控制因素认识程度要低。我们的目标是综合利用野外描述、岩相观察和地球化学数据等，来收集泥岩序列的各向异性，从而对相变的沉积学控制因素有更加重要的认识。裸露在英格兰南海岸的 Kimmeridge 泥岩层是做该研究的理想对象，原因有二。首先，前人的研究表明该层内有岩性变化。其次，Kimmeridge 泥岩层是欧洲西北部大陆边缘油气的重要烃源岩，因此进一步深入了解岩石成分成因及这些组分在成岩过程中经历的改变都是极有意义的。

根据综合研究方法，本次研究了 Kimmeridge 泥岩层中10m厚的层段，并确定了12种泥岩相。这些相可以根据不同的结构、层理、组分和颗粒来源等属性区分开来。这些观察到岩相变化表明泥岩颗粒沉积物的来源有显著差异。例如，一些相以周围内陆风化产生的硅质碎屑为主。其他岩相主要受由水体和地面沉积层产生的无机和有机物质控制，而另一些则主要受先前沉积的沉积物（岩屑颗粒）改造作用控制。最后，还有一些相是以沉积物埋藏后沉淀的产物为主。除了不同物源的物质组成外，记录在不同相中的沉积物扩散机制也是截然不同的。例如，有机矿物结核表明：沉积物通过悬浮沉降而不是浮力作用运移至沉积地点。其他岩相含有外来沉积物搬运至沉积点的证据（底负载或浊流搬运）。更重要的是，普遍存在的侵蚀表面和正粒序地层表明海底泥岩沉积经常被改造。沉积之后，尽管所有的岩相有机碳含量都高，但表层沉积物通常均受生物扰动影响，并经历了微生物改造的成岩作用。

在这项研究中观察到的巨大的相变表明，许多过程可能相互作用而形成泥岩。岩石属性的详细研究，包括结构、层理、成分和颗粒来源，这些都可以形成所需的信息，以提高我们

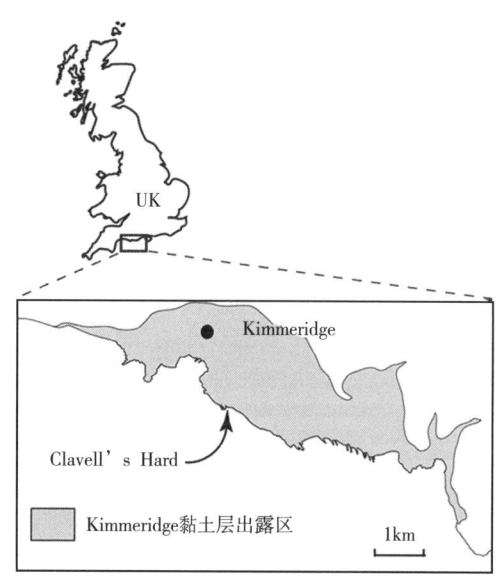

图 5.14　Kimmeridge 泥岩位置

5.3.1　研究对象简介

英格兰南部 Kimmeridge 村附近的浪蚀平台和沿海悬崖上出露保存完好的约 320 m 厚 Kimmeridge 泥岩地层，该地层从 Kimmeridgian 阶至 Tithonian 阶，从 *Aulacostephanus autissiodorensis* 至 *Virgatopavlovia fittoni* 菊石带（图 5.14，Cox 和 Gallois，1981）。在泥岩露头中，泥岩被划分为分米到米级的沉积"旋回"，描述如下：（1）中黑—深灰色泥灰岩；（2）中黑—深灰—黑绿色页岩；（3）深灰—橄榄黑层状页岩；（4）灰黑—棕黑色泥岩，含有次级粉砂岩、石灰岩和白云岩（Morgans-Bell 等，2001）。这些"沉积旋回"能谱分析表明，整个沉积层段大约持续 5Ma，气候变化机制可能支持观测结论（Waterhouse，1995；Weedon 等，1999）。此前，大量岩相学研究表明 Kimmeridge 泥岩在亚毫米至厘米的微观尺度上高度非均质性（Macquaker，Gawthorpe，1993；Macquaker 等，1998；Macquaker，Bohacs，2007；Macquaker 等，2010）。这种泥岩非均质性表现为纹理（细至粗泥岩）、层理（冲刷面、递变层理、富含内碎屑层和介壳层）和成分（各种有机碳富集、黏土矿物、二氧化硅、钙质壳层及碳酸盐和黄铁矿胶结）。这些泥岩属性的差异，特别是在 Clavell's Hard（图 5.15）地区出露的层段，使 Kimmeridge 黏土地层成为理想的研究泥岩非均质性的天然实验室。这本泥岩入门旨在说明泥岩变化，并将这种变化与沉积的过程相联系。本次研究中，将野外描述和薄片观测与地球化学数据相结合：

（1）描述和说明 Kimmeridge 泥岩层中约 10m 泥岩段非均质性，该段跨越 *Pectinatites wheatleyensis* 和 *Pectinatites hudlestoni* 菊石区域边界（Tithonian；图 5.15）。

（2）根据可能形成泥岩非均质性的物理、生物和化学等作用，解释观察泥岩层的变化现象。

5.3.2　研究方法

Kimmeridge 黏土地层由非常薄的（<10.0mm）细粒沉积岩（主要<62.5μm）组成。尽管经常受到海浪和风暴的侵蚀，但是 Clavell's Hard 地层还是遭受强烈的风化作用。风化程度及细粒物质使得识别这些岩石纹理和层理属性及组分极为困难。从 10m 泥岩层中采集了 58 块泥岩样品，为了解决这些难题并形成尽可能准确的数据，通过去除风化的外表或从活跃波浪侵蚀面平台采集样品以保证样品新鲜（图 5.16、表 5.1）。所有样品均制备了薄片，测试了大多数样品总有机碳含量（TOC）。使用显微镜（光学和电子）从薄片获得结构、层理、组分和颗粒来源等信息。岩相学资料与野外露头资料和地球化学资料相结合。

为了进行显微分析，所有采集的样品制备 20~25μm 的抛光薄片，在每隔 0.25m 或在风化作用面之上，通过连接到个人计算机的平板扫描仪扫描薄片来记录这些样品的结构和层理属性。一旦这些数据被记录下来，结合光学和电子光学方法（反向散射电子成像）对样品

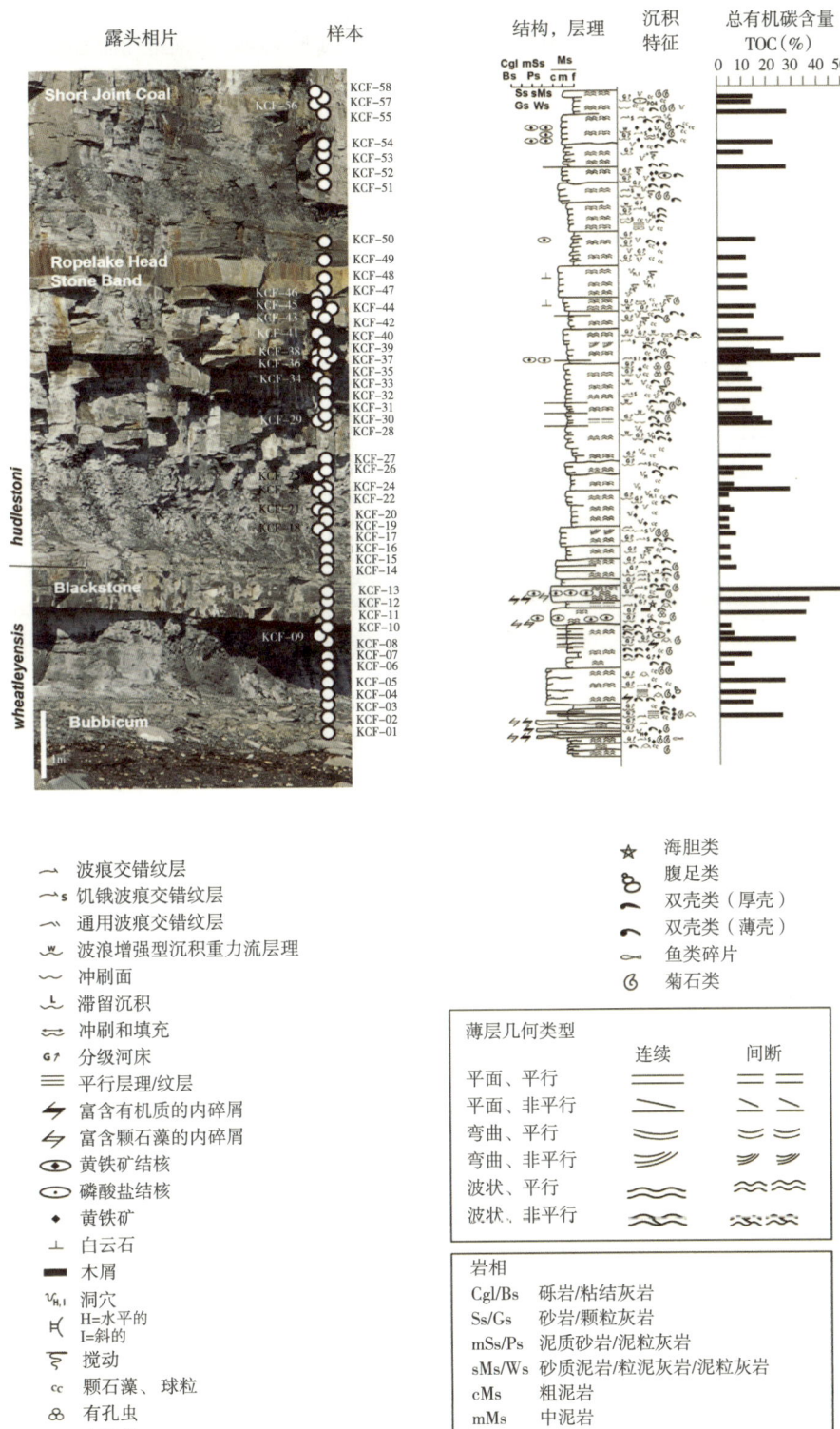

图 5.15 英格兰南部 Clavell's Hard 地区 Kimmeridge 泥岩地层 10m 层段的露头照片、测量剖面、样品位置和总有机碳（TOC）含量

进行高分辨率分析以确定颗粒的组成和来源（Macquaker，Gawthorpe，1993；Macquaker 等，2007）。使用装备有相距 15mm，25kV 和 5 nA 发射源的 FEI 650 扫描电子显微镜获得反向散射电子光学图像。

通过分析 TOC 含量来确定研究岩石序列的有机碳富集程度。使用 LECO C／S 分析仪测量总有机碳含量之后，通过低温酸消解（2%的 HCl）之后的差异确定 TOC 含量。

用于描述岩石的命名方案遵循本书其他章节所提出的建议。另外，粗碎屑组分和那些可能经过流体动力学分选的组分在细粒粉砂岩至粗粒碎片中被描述为骨架，如果它们处于黏土粒级和非常细的粉砂碎片中则为基质。最后，胶结被用来描述那些可能沉淀的成分。

表 5.1　英格兰南部 Clavell's Hard 地区 Kimmeridge 泥岩地层 10m 层段 58 个样品和总有机碳（TOC）含量

样品编号	相	TOC（%）	样品编号	相	TOC（%）
KCF-58	2	—	KCF-29	3	18.3
KCF-57	2	14.3	KCF-28	3	21.0
KCF-56	5	13.6	KCF-27	2	20.4
KCF-55	10	27.1	KCF-26	3	17.2
KCF-54	2	22.8	KCF-25	4	5.4
KCF-53	2	10.3	KCF-24	4	5.9
KCF-52	10	27.1	KCF-23	10	28.8
KCF-51	3	—	KCF-22	1	4.1
KCF-50	3	15.6	KCF-21	4	4.6
KCF-49	2	11.7	KCF-20	4	5.9
KCF-48	12	12.0	KCF-19	7	4.0
KCF-47	4	12.0	KCF-18	4	4.3
KCF-46	2	—	KCF-17	4	6.9
KCF-45	2	—	KCF-16	5	4.5
KCF-44	2	15.7	KCF-15	7	4.9
KCF-43	3	—	KCF-14	3	7.3
KCF-42	3	14.2	KCF-13	11	52.6
KCF-41	3	12.3	KCF-12	10	36.1
KCF-40	10	26.7	KCF-11	6	34.8
KCF-39	2	14.4	KCF-10	8	4.7
KCF-38	3	20.9	KCF-09	8	5.7
KCF-37	10	41.0	KCF-08	10	30.6
KCF-36	10	31.0	KCF-07	9	13.0
KCF-35	2	10.8	KCF-06	8	5.2
KCF-34	2	11.3	KCF-05	10	26.3
KCF-33	2	13.9	KCF-04	3	14.8
KCF-32	3	17.5	KCF-03	3	13.1
KCF-31	3	12.7	KCF-02	10	25.2
KCF-30	3	14.0	KCF-01	3	—

5.3.3 地质背景

地球化学家和地层学家已经对 Kimmeridge 泥岩进行广泛研究，试图了解细粒沉积岩中与有机碳富集有关的沉积控制因素。Google 学术中关于"Kimmeridge 泥岩"的快速搜索，可以产生 11100 多个结果。本节没有进行详细的文献综述调研，而是将重点放在一些与本次测试研究相关的文献之中。

中生代 Dorset 岩石沉积在 Wessex 盆地。这个石炭纪后伸展盆地大致由东向西延伸，继承了更古老的海西期的构造趋势（Whittaker，1985）。Wessex 盆地沉积中心主要充满中生代沉积物。沉积在新生代早期停止，当时处于阿尔卑斯造山运动 Helvetic 期，在此期间盆地发生了反转（Whittaker，1985）。Dorset 海岸保存的序列在次盆中央海峡中尤为发育，位于与 Wight Distrubance 的 Puebeck Isle 相关的边界断层附近（Morgans-Bell 等，2001）。Kimmerdigian 期的古老岩石古地理重建表明 Wessex 盆地位于约 30°N 的古纬度（Ziegler，1990）。Wessex 盆地是大陆壳下泛大陆架上存在的众多类似的沉积中心之一（Ziegler，1990）。

在 Wessex 盆地的 Kimmeridge 泥岩层中观察到显著的小规模岩相变化（Macquaker，Gawthorpe，1993；Macquaker 等，1998；Taylor 等，2001；Williams 等，2001）。如 Macquaker 和 Bohacs（2007）及 Macquaker 等（2010），注意到 Kimmeridge 泥岩通常形成不连续的地层单元，厚度从几分米到几米不等，并且通常受生物扰动影响。生物扰动现象的普遍存在表明泥岩沉积时，底部水体中至少存在一些氧气。这些学者还研究报道了在这些地层中存在有机质成分和流体波纹。根据这些现象，他们得出结论：由于海洋沉积聚集，一些泥岩被运移至海底，并且一旦到达海底，平流运输过程将在生物扰动和埋藏之前分散一部分沉积物。残留弯曲波状层理，基底突变正粒序地层，以及内碎屑的出现为水体和表层沉积层和风暴浪基面之上的泥岩沉积的幕式混合证据（Macquaker，Gawthorpe，1993；Macquaker 等，1998），在底载作用和泥石流中均可出现（Macquaker，Bohacs，2007）。

黏土矿物形成 Kimmeridge 泥岩层的很大一部分。Macquaker 等（1998）和 Taylor 等（2001）认为黏土矿物是周围地区土壤风化产物。在整个 Kimmeridge 泥岩层中存在球石、有孔虫和藻类组分。这些物质的存在表明水体中存在营养物质并且为初级生物提供养分（Macquaker 和 Gawthorpe，1993）。

Waterhouse（1995）、Weedon 等（1999）和 Morgans-Bell 等（2001）调查了 Kimmeridge 泥岩层的大规模（几十米）的岩相变化。他们认为，所观察到的岩相变化最终由水体稳定性的轨道驱动机制，输入盆地内沉积物和盆地内生产沉积物平衡来控制。Tyson（1995）、Farrimond 等（1984）、Van Kaam Peters 等（1998）和 van Van Dongen 等（2006）调查了这些岩石的有机组分，以研究泥岩中有机碳富集的成因。利用从有机碳分析获得的数据，特别是生物标志和有机相分布数据，这些学者认为，这段期间的大部分时间内底水持续缺氧，并且这些缺氧层有时延伸到透光带。从这些数据中得出结论：水体很少充分混合，并且盆地很深。这种解释得到了在某些地层中出现的 $<5\mu m$ 的黄铁矿类颗粒证据的支持，该颗粒在硫化条件下的水体中形成（Wignall，Newton，1998）。

Irwin 等（1976）、Scotchman（1991）和 Macquaker 等（1998）研究了 Kimmeridge 泥岩层内碳酸盐胶结物成因。利用稳定同位素（$\delta^{13}C$ 和 $\delta^{18}O$）和矿物成分数据，他们认为富含白云石和方解石胶结物地层的矿化是由厌氧细菌代谢作用所形成，特别是硫酸盐还原菌和甲烷菌，并且广泛的胶结作用同低沉积物速率层段相关。

以下部分基于以前的研究，综合毫米至厘米规模下物理、生物和化学数据来描述研究区间内出现岩相变化并解释其成因。

5.3.4 Clavell's Hard 地区 Kimmeridge 泥岩层中纹层—地层尺度相变研究

在 Clavell's Hard 采样的 Kimmeridge 泥岩层序中发现了 12 个独立泥岩相（图 5.16～图 5.27、表 5.1）。在毫米至厘米尺度上，这些相包括由不同比例的泥质、钙质和硅质矿物组成的细、中、粗泥岩，其沉积结构已经被生物钻孔和成岩作用不同程度覆盖。这些泥岩包含大量的有机碳 [4%～53%（重量）；图 5.16、表 5.1] 和胶结物（主要是碳酸盐矿物和金属硫化物与一些高岭石）。大多数泥岩样品都是非均质的，无论是毫米还是厘米；偶尔可见基底突变和正粒序薄层（<10 mm）。在保存较好的情况下，薄层呈连续的波状或者连续的非平行下超形态。

下面详细描述了 12 个岩相的主要属性，并在图中进行了说明。

（1）混合的、富含碎屑的碳质细—中粒泥岩（相 1；图 5.16）。

混合的、黏土质的、碳质的（TOC 为 4.1%）细—中粒泥岩相，呈中灰色，露头中呈均质特征。它主要为最细粒度范围碎屑（细—中粒粉砂和黏土）。岩相主要由伊利石—蒙皂石混合层组成，只含少量石英成分。除了黏土矿物之外，基质还含有一些非晶体有机碳和分散的钙质球体。

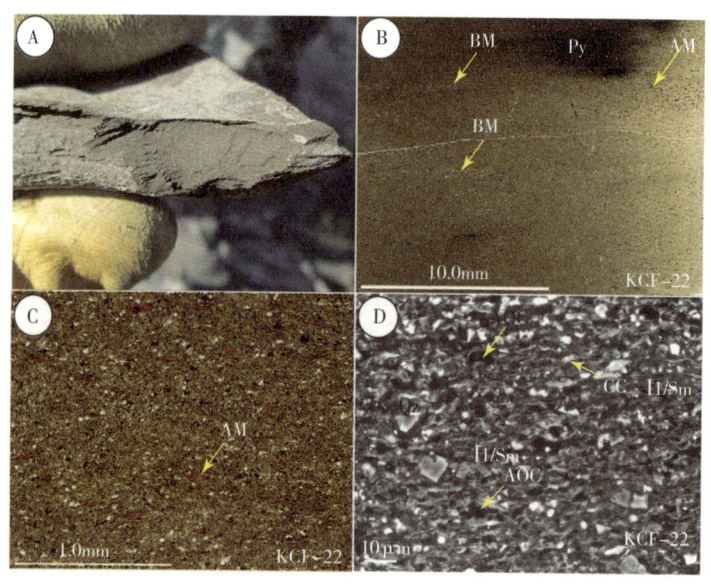

图 5.16 混合的、富含碎屑的、碳质细—中粒泥岩（相 1）

A—混合的、泥质的、碳质（TOC 4.1%）细—中粒泥岩的手标本；B 和 C—低功率光学显微照片显示粉砂质洞穴—斑点（BM）的存在，还要注意基质中存在分散的黄铁矿胶结物（Py）和偶见藻类组织（AM）为骨架颗粒；D—B 和 C 所示相同样品的背散射电子显微照片。注意基质中的主要成分伊利石—蒙皂石（Il/Sm）混层，少量非晶体有机碳（AOC）和少量分散颗石藻（CC），骨架颗粒主要由石英（Qz）和藻类组织（AM）组成，同时含有少量的海绿石和钙质颗粒

岩相中黏土矿物和细颗粒占主导地位，表明该沉积形成于碎屑运输通道的末端，在相对中等—低颗石藻产量区域沉积。没有物理沉积结构，并且存在洞穴—斑状结构表明沉积物在含氧条件下沉积，这里底栖生物群活动十分活跃

有机碳相对富集的、泥质、细粒—中粒泥岩可能是中度碎屑稀释、中等—低有机含量和低保存条件之间复杂相互作用的结果

(2) 含有粪粒碳质细—中粒泥岩（相2；图5.17）。

这种含钙质和碳质泥岩相（TOC为10.3%~22.8%）十分独特，因为在富含黏土矿物（伊利石—蒙皂石混层）基质中保存大量的粪粒球，该基质中含极少量粉砂大小的骨架碎屑。在露头中，这种岩相为中—浅灰色，颗粒的轮廓隐约可见。除黏土矿物、球粒和石英粉砂岩之外，这种泥岩还含有藻类组分和一些分散球形体。方解石和高岭石胶结物存在于球体内粒间孔之中。

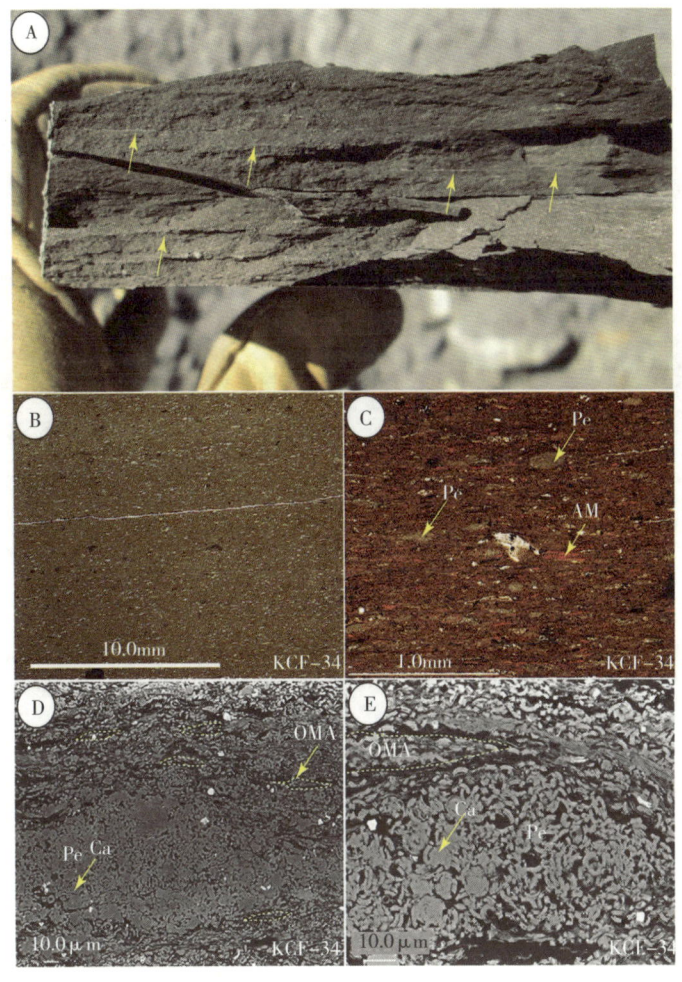

图5.17 含有粪粒碳质细—中粒泥岩（相2）

A—毫米级，正粒序，富含粪粒，细—中粒泥岩手标本照片，箭头指向地层底部；B和C—低功率的光学显微照片，均质，富含粪粒（Pe）、碳质（TOC为11.3%），细—中粒泥岩，注意基质中存在微小的颗粒；D和E—相同样品的背散射电子显微照片显示了富含颗石藻粪便颗粒（Pe）和早期成岩碳酸盐胶结物（Ca）细节特征

这种岩相的基质主要是颗石藻（其中许多为粪粒）、黏土矿物，非晶体有机碳和一些黄铁矿。也存在由粪粒、分散颗石藻和黏土矿物组成的有机体集合体（OMA，D和E）。可见一些藻类碎片。骨架组分较少，包括藻类显微组分（AM，C）。方解石（在D和E中，箭头指向Ca）和高岭石胶结填颗粒内孔隙

大量颗石藻表明，有机质含量的增加部分由于陆架地区缺乏碎屑物质输入。富含颗石藻的粪粒和有机矿物聚集体沉积物运移到海底。局部地区沉积物被重新改造形成粒序地层。水体—沉积界面处的动物活动形成均质结构特征。微生物呼吸活动是造成粪粒内早期碳酸盐胶结作用的原因

当碎屑物供应受限时，源自生物生产的组分可能对泥岩产生显著影响

(3) 含有孔虫团块碳质细—中粒泥岩（相3；图5.18）。

含有孔虫团块，碳质（TOC 为 7.3% ~ 21.0%），细—中粒泥岩相在露头中为中灰色泥岩，并伴有由粉砂质组成的小而不连续条纹。它独特之处在于比上述相 1 和 2 粒度要粗，因为有大量中等粉砂粒级的石英颗粒进入压实有孔虫团块样品之中。除含有石英颗粒外，骨架矿物还包括藻类颗粒和少量磷酸盐碎屑。基质主要由伊利石—蒙皂石混层或伊利石—蒙皂石混层和球形颗粒组合而成。球形颗粒主要为粪球粒。基质中还存在未压缩的球丛状黄铁矿。

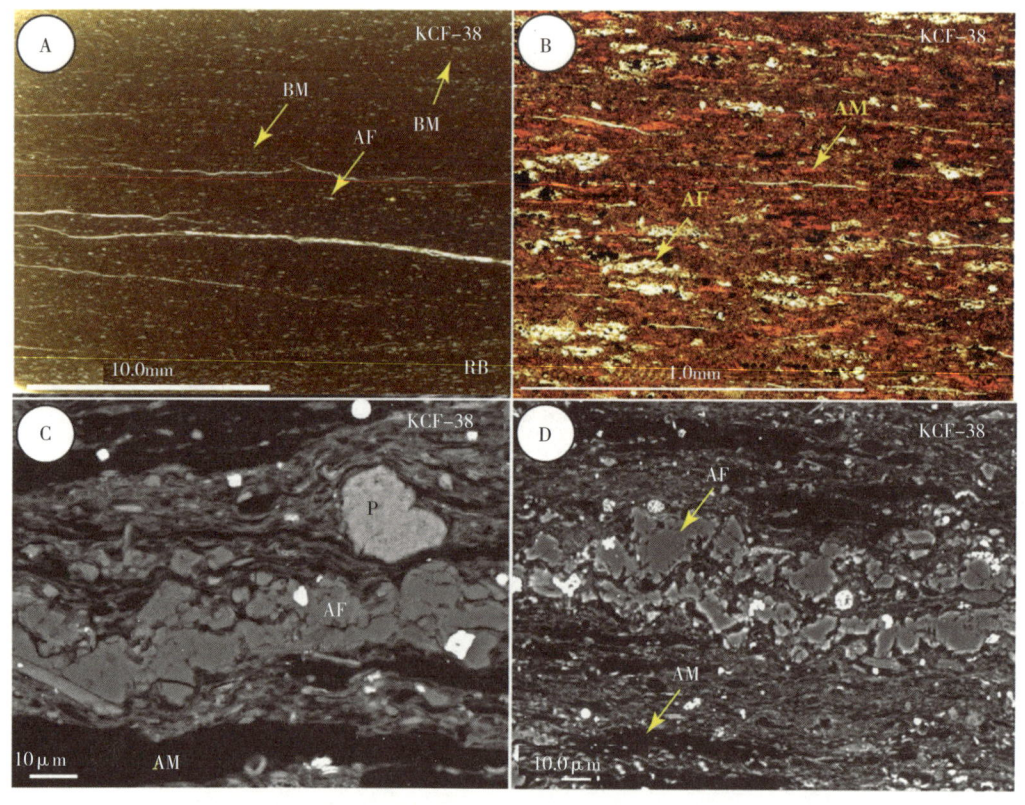

图 5.18　含有孔虫团块碳质细—中粒泥岩（相3）

A 和 B—残余薄层（RB）和微弱的洞穴—斑状（箭头 BM）富含有孔虫团块（AF），碳质（TOC 为 20.9%）细—中粒泥岩的低倍光学显微照片；C 和 D—同一样品的背散射电子显微照片显示有孔虫团块（AF）的细节及藻类碎片（AM）和微量磷酸盐矿物（P），骨架颗粒主要由石英组成（主要在压实有孔虫团块试验中，以及藻类形成的有机碳）。相反，基质主要由双八面体云母、非结晶有机碳和黄铁矿组成

尽管沉积物富含有机碳，但出现大量有孔虫团块表明在水体—沉积物界面处至少有一些游离氧可用于生物新陈代谢作用。包括有孔虫团块在内的动物群活动可能是造成该相中洞穴—斑点的原因。在该相沉积期间，藻类生产速率可能非常高

泥岩可以富集有机碳，并且含有大量沉积物生物集群的证据

(4) 含钻孔的碳质中粒泥岩（相4；图5.19）。

含钻孔的碳质（TOC 4.3% ~ 12%）中粒泥岩相，中—灰色，露头呈现微弱的斑点。这是独特的，因为除了石英颗粒、海绿石、一些藻类颗粒和钙质沉积物之外，粉砂质部分由半固结的泥质和含泥钙质岩屑颗粒组成。这个相的基质主要是伊利石—蒙皂石混层和一些球粒碎屑。同样可见黄铁矿微颗粒和非晶体有机碳。

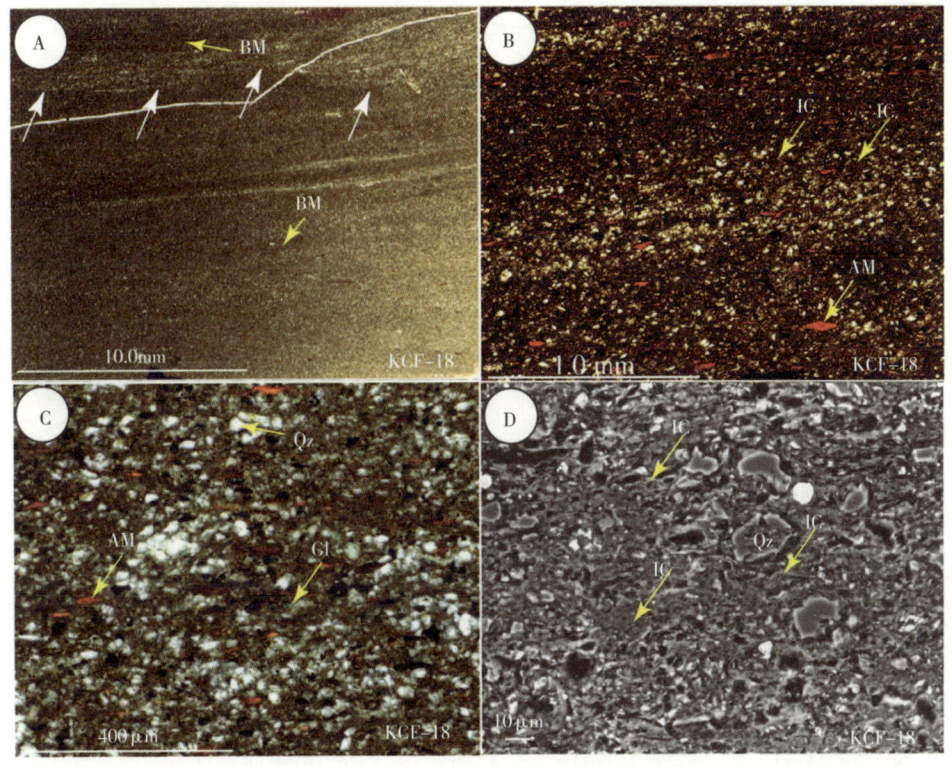

图 5.19 含铝孔的碳质中粒泥岩（相 4）

　　A—洞穴—斑纹（BM），碳质（TOC 为 4.3%）中粒泥岩的低倍光学显微照片，注意由白色箭头标识的剥蚀面；B 和 C—同一样品的光学显微照片中藻类显微组分（AM）、石英（Qz）和少量海绿石（Gl）；D—同一样品的背散射电子显微照片中内碎屑（IC）和分散石英晶粒（Qz）

　　骨架颗粒主要由泥质内碎屑、石英、藻类显微组分及极少的海绿石和钙质球体组成。基质由伊利石—蒙皂石混层、非晶体有机碳、花状黄铁矿和少量颗石藻组成

　　半固结细粒沉积物改造后形成粉砂粒级内碎屑，在生物扰动和压实之前被搬运并重新沉积

　　即使不明显，泥岩也记录了沉积改造作用

　（5）以碎屑为主，波状层理，碳质，中—粗粒泥岩（相 5；图 5.20）。

　　这种碳质泥岩相（TOC 为 4.5%~13.6%）与其他相不同之处在于，形成波状层理的粗粉砂质部分含有大量石英颗粒。在手标本中，在洞穴斑地层底部附近可见小型波状层理。单个地层底部突变接触，向上正粒序递变。地层中纹层弯曲平行，粒度向上递变，从底部粗粒富粉砂颗粒到顶部富黏土颗粒。单个地层顶部受生物扰动影响。基质由伊利石—蒙皂石混层组成。除了主要的黏土和石英成分之外，这个相还包含一些分散的藻类显微组分和球丛状黄铁矿。

　（6）富含内碎屑的干酪根泥岩（相 6；图 5.21）。

　　富含内碎屑、干酪根的泥岩相（TOC 为 34.8%）含有大量压实的内碎屑，粒度范围从 2~200mm 不等，这在手标本中极易识别。内碎屑厚度为毫米至厘米，底部突变和剥蚀，通常为正粒序地层。这些碎屑岩由各种组分构成，主要由含干酪根的细—中粒泥岩或含泥质—钙质细—中粒泥岩组成，并保存在以藻类组成为主的基质中。除了藻类以外，基质还含有分散的黏土矿物、球丛状黄铁矿、颗石藻和分散白云石菱形颗粒等。局部地区菱形颗粒聚集在一起形成小的结核。

图 5.20 以碎屑为主，波状层理，碳质中—粗粒泥岩（相 5）

A—以碎屑为主，波状层理，中等孔洞，含泥—硅质，中—粗粒泥岩的手标本样品；B 和 C—低倍光学显微照片中波状层理，碳质（TOC 为 4.5%），中—粗粒泥岩的垂向变化；D 和 E—B 和 C 样品的背散射电子显微照片

单个地层通常是正粒序，底部突变并且呈现弯曲波状层理（箭头 A 和 B）。骨架颗粒是由棱角状—次棱角状石英（D 和 E 中箭头 Qz）、白云母（D 中箭头 Mu）和分散的藻类显微成分（B、C 和 D 中箭头 AM）组成的。相反，基质由伊利石—蒙皂石混层和非晶体有机碳组成

底部突变和弯曲波状层理表明沉积物在间歇性高能环境中运移和沉积。中等生物扰动表明沉积后的生物发育以及水体底部和沉积物表层孔隙中存在游离氧。主要碎屑组分表示沉积物运移路程较短

间歇性波浪作用可以改造并形成细粒沉积物。即使在中等生物扰动的情况下，沉降速度也很快并足以保存层理

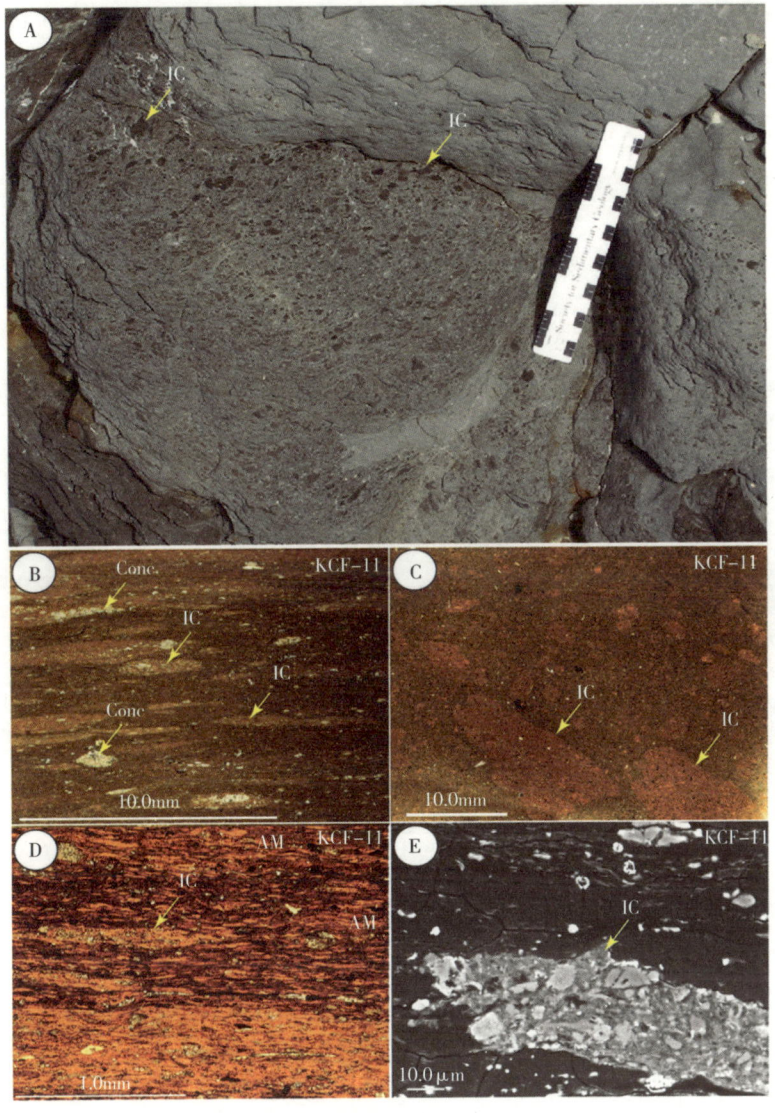

图 5.21 富含内碎屑的干酪根泥岩（相6）

A—富含内碎屑的干酪根泥岩露头图片；B 和 C—低倍光学显微照片中富含内碎屑的干酪根（TOC 为 34.8%）泥岩的垂向变化；D—低倍光学显微照片显示了富含内碎屑的泥岩的水平变化；E—B 至 D 所示样品的背散射电子显微照片

直径达 20mm 的压实的内碎屑，是各种干酪根质的（B、C 和 D 中箭头 IC）及泥质—钙质的颗石藻（E 中箭头 IC）。粗粉砂粒和细砂粒骨架颗粒主要由压实的藻类显微组分组成（D 中箭头 AM）。相反，基质由分散的黏土矿物组成。基质中存在分散的粉砂状白云石菱面体；在一些地区，这种白云石形成了直径达 500μm 的小型聚合体（B 中箭头 Conc）。局部地区可见黄铁矿结核

含不同组成的内碎屑表明沉积物在被剥蚀前为半固结状态，并被再次搬运和沉积。在这种情况下，半固结沉积物很可能是早期的，并且有可能在藻类层中存在有机物质。风暴浪冲击相对较浅的海底和高能陆架可能有利于沉积物改造。没有明显的洞穴表明沉积物在沉积后没有生物定居活动。黄铁矿结核的存在表明沉积物孔隙水是硫化物。随后埋藏作用形成内碎屑压实

有机碳的富集并不一定是在低能和较深的环境中沉积的结果

105

（7）混合的、碎屑为主的碳质中—粗粒泥岩（相7；图5.22）。

该相在组成和结构上与相5相似。然而，在一个关键属性——生物扰动程度上是不同的，因为构成这个相的泥岩或者是完全均质的，或者是残留层和洞穴斑点。基质主要由伊利石—蒙皂石混层组成，其中分散有球丛状黄铁矿。

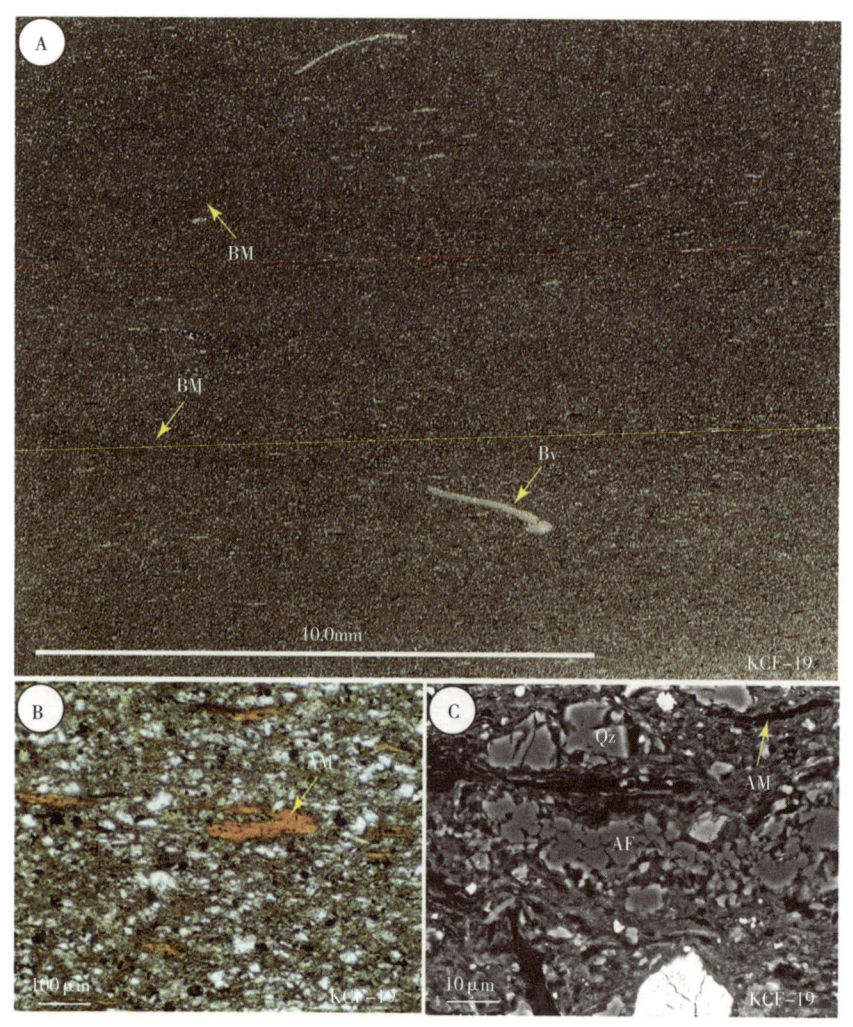

图5.22 混合的、碎屑为主的碳质中—粗粒泥岩（相7）

A—混合的、碎屑为主的碳质（TOC为4.0%）中—粗粒泥岩低倍光学显微镜照片，BM—洞穴斑点，Bv—不完整的双壳类碎片；B—同一样品的光学显微照片中黏土矿物基质中藻类组织（AM）；C—A和B所示样品的背散射电子显微照片中压实有孔虫团块（AF）和分散石英颗粒（Qz）

骨架颗粒主要由石英组成，含有一些藻类组织，以及微量的海绿石和钙质球粒。基质由伊利石—蒙皂石混层、黄铁矿和非晶体有机碳组成

这种相的混合搅动结构表明水体—沉积物表面处于氧化环境足够长的时间，形成动物群完全破坏原始层理特征。至少一些沉积物破坏很可能是由海底有孔虫团块造成的。注意：尽管在氧化沉积条件下发生沉积物聚集，这种泥岩仍然含有4%（TOC）。这表明沉积事件之间有足够长的时间形成沉积物搅动，并且有机物的初始产量较高形成有机碳的相对富集

相对富含有机碳的细粒沉积物可以在氧化条件下形成

（8）混合的、生物碎屑为主的碳质中—粗粒泥岩（相 8；图 5.23）。

该相与相 7 大致相似。两相都是含碳的（相 8 中 TOC 为 4.7%~5.7%，相 7 中 TOC 为 4.0%~4.9%）。然而混合的中—粗粒泥岩相 8 与相 7 和相 5 的不同在于，在粉砂和砂级碎屑中存在明显的分散的和磨碎的生物碎屑。生物碎屑包括来自双壳类和棘皮类动物的物质。这些化石在手工标本中极易发现。局部地区，生物碎屑在一些地层上可能形成不连续的表面。

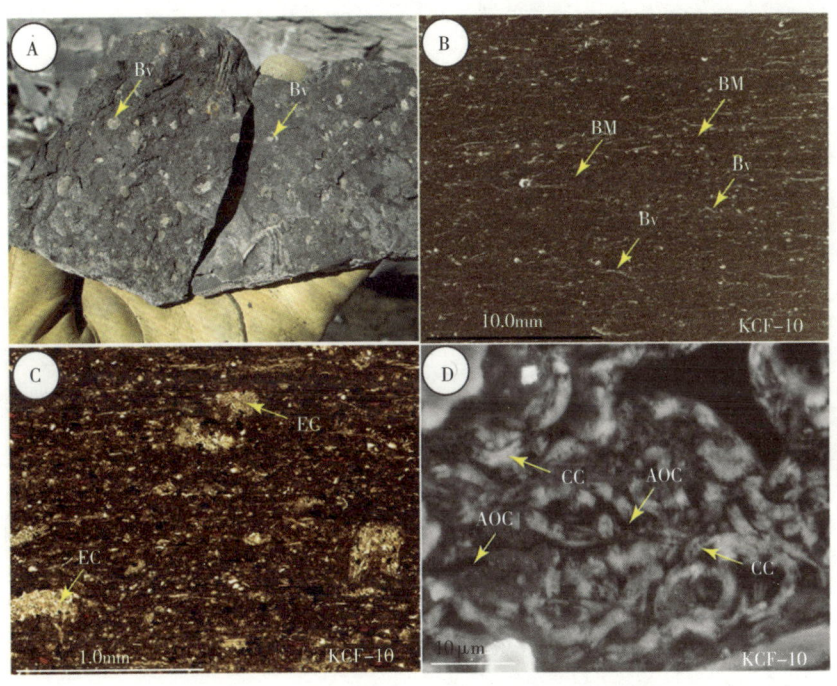

图 5.23　混合的、生物碎屑为主的碳质中—粗粒泥岩（相 8）

A—手标本照片，中—粗粒泥岩中存在分散的不完整的双壳贝壳碎片（箭头 Bv）；B 和 C—低倍光学显微照片，钙质—泥质，碳质（TOC 为 4.7%），中—粗粒泥岩中孔洞—斑状（B 中 BM），双壳贝壳碎片（B 中 Bv）和粉碎的棘皮动物类碎屑（C 中 EC）；D—B 和 C 样品的背散射电子显微照片。注意在富含黏土矿物的基质中存在颗石藻（CC）和非晶体有机碳（AOC）

较粗的生物碎屑主要由粉碎的双壳贝碎片和棘皮动物碎屑组成，与以石英和少量藻类组织形成的粉砂粒级碎屑相反。基质由黏土矿物、颗石藻、非晶体有机碳和黄铁矿组成

存在变形的和粉碎的双壳类和棘皮动物碎屑表明这些生物成分可能在沉积前搬运过来。大型动物群的破碎由于生物扰动所形成，生物扰动得到洞穴—斑状构造所证实。颗石藻的存在表明有机物生产速率对沉积作用有显著的影响。生物成因的沉积物加入增加了沉积碎屑

生物和碎屑在被大规模钻孔之前对最终沉积的沉积物有贡献

（9）成岩碎屑衍生的、波状层理碳质粗粒泥岩（相 9；图 5.24）。

薄层、基底突变波状层理、钙质—泥质、碳质（TOC 为 13%）粗粒泥岩相，与其他粗泥岩相不同，因为对形成波状层理起重要作用的粉砂粒级成分是由白云石菱形颗粒组成。这些菱形颗粒很可能是在埋藏早期形成的，并且在进入沉积物作为波纹的组成部分之前被改造。在出露过程中，这些产物通常呈深棕色，展现出底部突变的波状层理。该相中其他组分包括藻类微组分和由白云石和伴生的黄铁矿胶结物组成的小型结核。同其他粗粒泥岩相一样，基质组分由伊利石—蒙皂石混合层和球丛状黄铁矿组成。

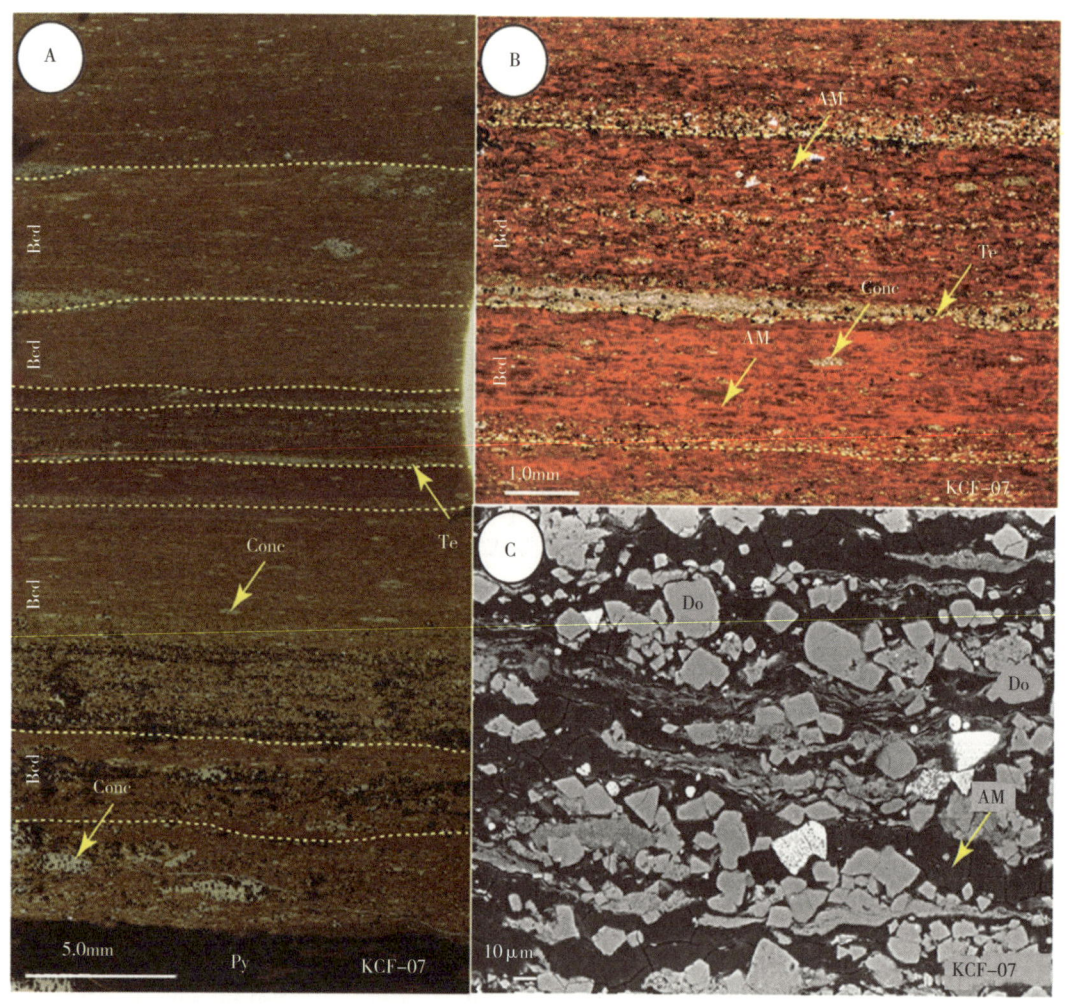

图 5.24 成岩碎屑衍生的、波状层理、碳质粗粒泥岩（相 9）

A—低倍光学显微照片中薄层（0.5~7mm），波状层理，粗粒泥岩的垂向变化；B—光学显微照片显示了波状层理、薄层、正粒序地层放大图；C—相同样品的背散射电子显微照片

薄层、基底突变和正粒序（在 A 和 B 中由虚线限定的标记为"Bed"），不连续和下超的波状层理，钙质—泥质，碳质（TOC 约 13%），粗粒泥岩非均质地层序列。粉砂大小的颗粒由改造的自形白云石（Do）和藻类显微组分（B 中箭头所示）组成。前者对不连续波状层理起主要作用；波纹截止在 A 和 B 中用箭头 Te 标出。白云石也以小型结核的形式存在（<2mm；A 中箭头 Conc）。基质主要由黏土矿物和有机碳组成，在有些单元中为黄铁矿（A 中 Py）。还要注意藻类物质中存在收缩裂缝（C 中的 AM）

我们将自形白云石和黄铁矿解释为典型埋藏之前有机碳富集沉积物在硫酸盐还原带沉淀的结果。在形成之后，白云石颗粒被改造并且集中在波状层理底部。个别地层中存在小型白云石和黄铁矿结核是早期原地成岩作用残留物

成岩衍生物质可被改造并保存在泥岩沉积结构中

（10）干酪根泥岩（相 10；图 5.25）。

外观均质的干酪根（TOC 为 25.2%~41.0%）泥岩的特征为存在与黏土矿物（主要是伊利石—蒙皂石混层）和富含颗石藻的粪粒紧密结合在一起的大量的藻类微组分。在露头中，这些泥岩通常是深褐色，并且耐风化。该相的基质由黏土矿物（伊利石—蒙皂石）、分散的颗石藻、非晶体有机碳和球丛状黄铁矿组成。

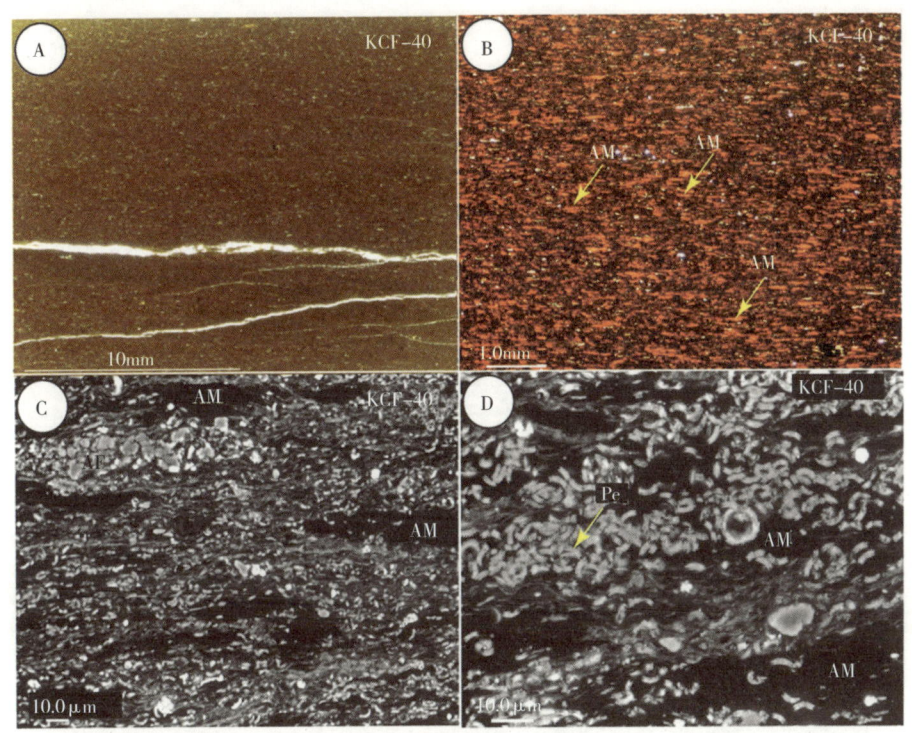

图 5.25 干酪根泥岩（相 10）

A 和 B—低倍光学显微镜照片，具有均匀外观，干酪根（TOC 为 26.7%）泥岩；C 和 D—同一样品的背散射电子显微照片，显示与黏土矿物、颗石藻和少量黄铁矿密切相关的大量藻类组分（AM）

骨架颗粒主要是由大量压实藻类显微组分（B—D 中的 AM）组成，与富含颗石藻的粪粒（Pe）密切相关。可见富含石英颗粒的少量有虫孔团块。基质由黏土矿物（伊利石—蒙皂石）、分散的颗石藻和非晶体有机碳组成

这里解释藻类的显微组分，黏土矿物和颗石藻之间的密切关系代表有机质—矿物质沉积在增强的初始有机物生产区域下部。尽管这种相初看为不连续层理，但这种结构含有微小的破裂现象，也可能是分散的聚集体沉积物压实的结果。沉积物破坏可能是由于气体逸出或未知生物扰动造成的

在有机物生产的高峰期，细粒沉积物可能会以聚集形式运移到海底

（11）干酪根岩（相 11；图 5.26）。

干酪根岩相（TOC 为 52.6%）极为独特，主要为压实藻类微组分（粗粉砂到细砂岩），这些组分形成主要的格架成分。类似于干酪根质泥岩，该相在手标本中呈深棕色。在研究的露头中，该相也以存在大（厘米到分米级的）黄铁矿结核为特征。其他组分包括少量黏土—矿物基质成分，分散白云石菱形颗粒及一些球丛状黄铁矿颗粒。在这个相中也可能存在剥蚀面和泥质内碎屑。

（12）碳酸盐胶结的碳质细粒泥岩（相 12；图 5.27）。

该岩相无论在薄片还是露头中都具有主要成岩组分的特征，浅灰色—黄色，块状，耐风化表面。局部地区可见痕迹化石，包括 *Rhizocorallium* sp.、*Planolites* sp. 和 *Chondrites* sp.。成岩组分除微小的黄铁矿之外，主要包括微晶分区带的非铁质方解石和非铁质白云石胶结。微晶之间的残余基质主要由颗石藻、黏土矿物（伊利石—蒙皂石混层）和非晶体有机碳组成。尽管一些藻类的微颗粒分散在各处，但是粉砂级别的格架组分很少见。

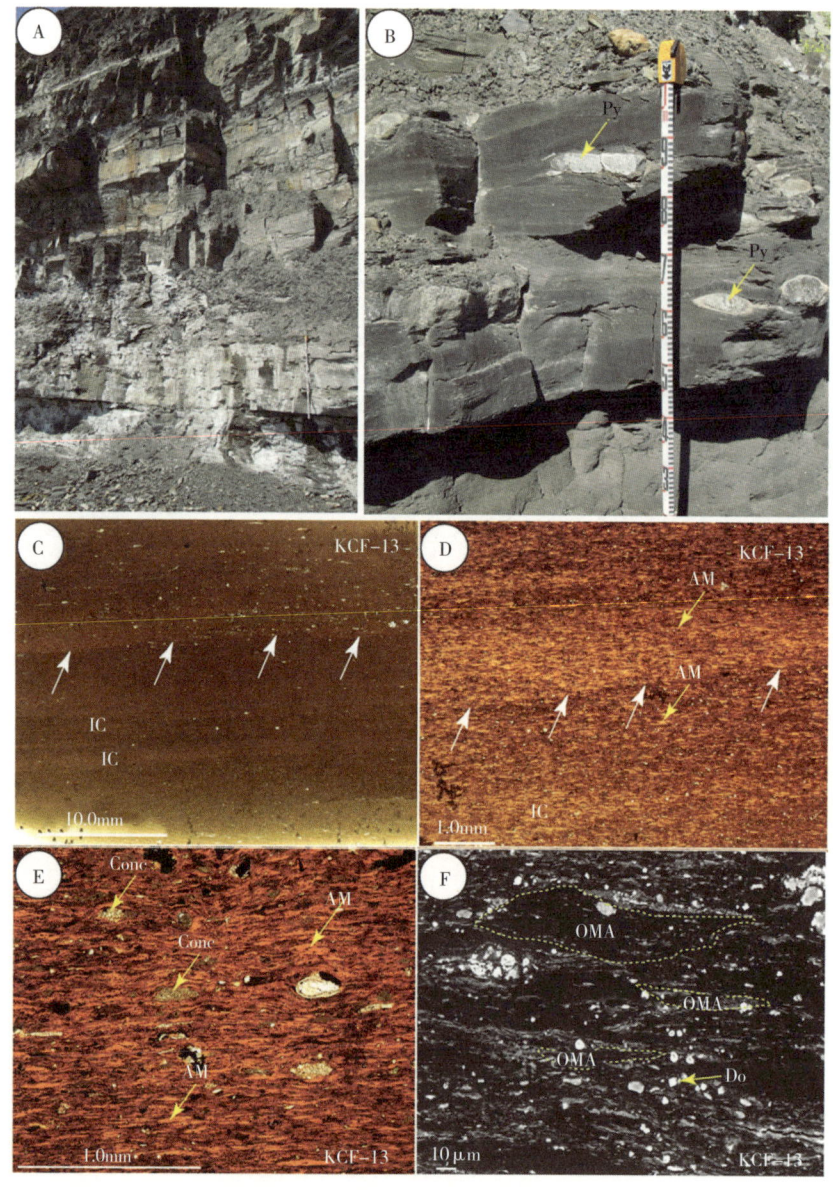

图 5.26 干酪根岩（相 11）

A 和 B—干酪根相的露头照片，注意块状风化和几厘米长区域的黄铁矿结核（Py）；C 到 E—干酪根岩（TOC 为 52.6%）低倍光学显微照片，注意在 C 和 D 中存在由白色箭头标记的剥蚀表面和 IC 标记的内碎屑；F—与黏土矿物和黄铁矿密切相关的藻类组分（AM）的背散射电子显微照片放大图

骨架颗粒主要由压实的藻类组分构成（D 和 E 箭头 AM 所示）。基质由非晶体有机碳和分散的黏土矿物组成。稀疏自形的白云石颗粒（Do）以小微晶结核（直径 250μm）（E 中箭头 Conc）或分散的单个晶体（F 中的 Do）出现，可见球丛状或者自形黄铁矿胶结

这相可能记录最高有机生产率。藻类的显微组分和黏土矿物之间的密切关系表明，一些沉积物作为有机质—矿物聚集体（F 中的 OMA）运移至海底。此外，剥蚀表面和藻类组分富含内碎屑表明底水条件偶尔为高能环境并且半固结的富含藻类的沉积物被改造。出现大型黄铁矿结核表明，孔隙中的水至少间歇性地含硫化物

在生物生产的高峰期，细粒富含有机质沉积物可以作为聚合体搬运到海底并被改造

图 5.27 碳酸盐岩胶结的，碳质，细粒泥岩（相 12）

A—碳酸盐胶结，细粒泥岩（箭头）露头照片；B 和 C—来自胶结区上部样品的低倍光学显微照片，这种碳酸盐胶结的细粒泥岩含碳质（TOC 为 12%）；D—B 和 C 中样品的背散射电子显微照片

该相主要为成岩组分微晶、分带的非铁锰方解石（D 中的 NFC）、非铁锰白云石（D 中的 NFD）和少量球丛状黄铁矿。胶结微晶之间的基质组分主要是颗石藻（D 中箭头 CC）、黏土矿物（由伊利石—蒙皂石混合层组成）和非晶体有机碳（AOC）。虽然可见有些藻类组分（在 B 和 C 箭头 AM），但在粉砂级碎片中骨架成分很少见

未压实微晶碳酸盐和黄铁矿胶结的存在，加上有机碳的存在表明孔隙水主要被微生物还原硫酸盐占据。普遍胶结的存在表明有大量溶解物质可以填充未压实的沉积物孔隙。硫酸盐来自水体扩散。考虑到这些限制因素，研究地层胶结作用必定与大型沉积间断相关。该沉积间断可能有利于局部远端沉积

在相对较低的沉积速率下或大型沉积间断期间，早期的成岩产物可能占泥岩主要组分

111

5.3.5 相解释

这里的数据来源于对手标本和薄片中泥岩属性的综合研究，增强了早期研究的结果（Macquaker，Gawthorpe，1993；Macquaker，1998），并说明了 Kimmeridgian 泥岩层存在着明显的相变特征。12 种相类型中的每一种相在结构、层理和成分都具有独特组合特征。泥岩成分不同的成因，包括盆地中的生物成因和外来碎屑输入至盆地内，最终被成岩作用改造。虽然在已识别相之间存在差异，但主要还是黏土矿物（特别是伊利石—蒙皂石混合层；如相 1、相 3、相 7、相 8；图 5.16、图 5.18、图 5.22、图 5.23）或黏土矿物、石英和细粒碳酸盐团块（特别是方解石、白云石；如相 2、相 8；图 5.17、图 5.23）。所有的相都是碳质泥岩到干酪根（表 5.1）。硅质碎屑组分（黏土矿物和石英）大多由周围地区供源，通过河流输入盆地（Macquaker 和 Gawthorpe，1993），尽管在微化石测试中存在一些填充颗粒内孔隙的黏土矿物，这表明至少某些物质为成岩作用成因（Macquaker 等，2014）。尽管存在黏土矿物成岩改造作用，但大部分还是来源于沉积物源区土壤的化学风化作用（Hillier，1995）。所研究的泥岩的主要细粒大小表明，它们沉积在离沉积物源区较远的地方。我们推测与沉积物源区附近沉积速率相比，这样环境沉积物速率相对较低。

远离粗碎屑沉积物源，黏土是大陆架上最常见的物质（Potter 等，2005）。虽然这种泥土大部分来源于风化，但这通常不是唯一来源。在沉积物运输路径的远端，生物产物（来自水体或者沉积物—水体界面处或附近的生物体）可能占有很大部分（Aplin，Macquaker，2011）。生物碎屑物质到海底的高产率区域主要给生物供应营养物质较多（特别是 N，P，Si 和 Fe）及碎屑输入相对减少地区（Martin，1990；Hay，1995；Hutchins 和 Bruland，1998；Tyrrell，1999；Elrod 等，2004；Tyson，2005）。在大陆架上，生物产量高的营养区通常与河流输入和水体翻转区（通常是风暴作用）相关。这些观察结果与观测到的控制相变的过程尤为相关。特别是，与存在于含粪便颗粒的富含颗石藻、碳质、细—中粒泥岩相比（相 2；图 5.18），它们与颗石藻含量相关，富含碎屑物质，少量颗石藻、碳质、细—中粒泥岩（相 1；图 5.17）。我们认为富含颗石藻相为透光带之下相对较高的生产速率泥岩沉积结果。这两个相的原始状态都表明，观察到的差异不太可能是由埋藏过程中碳酸盐选择性溶解所形成。

生物产量对泥岩相的影响不仅体现在大量的化石测试中。通常大多数细粒沉积岩 TOC<1%（Blatt 等，1980）。根据这些资料，观察到的有机碳富集（TOC 为 4%～53%；表 5.1）表明生物产量与保存的碳质泥岩和干酪根地层起着关键作用。事实上，干酪根和干酪根泥岩相沉积时，水体可能为富含营养条件（Oschmann，1988；Saelen 等，2000）。显微分析揭示许多生物物质为藻类物质（图 5.26、图 5.27；Tyson 等，1979；Tyson，1995）。为了在沉积物中保留大量的有机碳，还必须尽量减少水体中有机碳破坏作用。当有机碳在沉积到海底之前长时间（几天到几周）出露在氧化环境（硫酸盐和氧气）（Hartnett 等，1988；Canfield，1989）时，这种破坏尤为有效。然而，当水深相对较浅并且通过水体到沉积物表面的沉积物速度较快时（Calvert，1987；Tyson，2005），这种破坏作用将被最小化。此外，如果埋藏速率太低，导致有机物质在沉积物表面停留太长时间（Heinrichs，Reeburgh，1987；Betts 和 Holland，1991；Hartnett 等，1998），有机碳的保存也可能受到影响。在 Kimmeridge 泥岩中，含粪球粒、碳质细—中粒泥岩相中富含颗石藻的粪球粒的存在尤其显著。这些球粒的存在表明沉积物沉降到海底之前，在水体中被生物体过滤形成团块颗粒。这种聚

合作用使得聚集的颗粒通过水体沉入底部速度比分散颗粒快得多（Fowler，Knauer，1986）。在这种情况下，观察到的有机质包裹在颗石藻和黏土矿物碎屑的周围，在干酪根泥岩和干酪根岩相中产生复杂的有机质—矿物质结构（图5.26和图5.27）现象非常重要。这种有机质—矿物结构表明，海雪地层也促进了颗粒聚集（Macquaker等，2010）。颗粒聚集过程也强烈地影响浮力羽流中悬浮物（Kranck 和 Mulligan，1983，1985；McCave，1984）。与此相反，富含有机碳的内碎屑存在（相6；图5.22）表明泥质沉积物典型剥蚀、运移和沉积，并且揭示了有机碳的富集并不总是较低能量和深水环境的结果。

只要有可供给呼吸作用的氧气，富含有机碳的表层沉积物积聚的现代泥岩为主的陆架，是动物群定居的有利区域。在Kimmeridge泥岩层中保存如此多的有机碳（表5.1），促使许多研究人员认为，这些泥岩是在底水间歇性缺氧或持续缺氧的条件下形成（Tyson等，1979；van Kaam Peters等，1998）。这种解释是明智的，因为降低水体中的氧气浓度将使有机碳与氧气（最有效的氧化剂）接触时间最少，从而增强沉积物中的有机碳保存，并且减少可能发生有机碳的硫化作用（van Dongen等，2006）。这项研究表明，这些泥岩富含有机碳（表5.1），而且许多泥岩遭受广泛的生物扰动作用（图5.17、图5.20、图5.23、图5.24）。这些观察结果表明沉积物在沉积后很快就被固定，并且意味着在沉积物—水界面至少含有少量氧气可用于驱动表层沉积物层中的有氧的新陈代谢作用（Macquaker和Gawthorpe，1993）。通过观察聚集的底栖有孔虫（相3；图5.19）说明孔隙水体中至少存在一些氧气的结论也得到了证实。虽然这些有孔虫可以在低氧条件下生存，但不能在持续的缺氧条件下繁盛（Schieber，2009）。研究结果对烃源岩中有机碳保存的沉积学机制的认识具有深远的意义，因为它们表明持续的底水缺氧不是保持高浓度有机碳的先决条件，高的有机碳产率和相对较快的沉积物堆积也是形成富含有机碳细粒沉积岩的重要控制因素（Bohacs等，2005；Tyson，2005）。还有一个尚未广泛接受的所有相的重要特征是，它们在经过一段时间的物理改造（图5.21），由于流体能量减弱，大部分保留了泥质沉积证据（图5.21、图5.25）。还要注意一些残留的物理沉积结构的存在，特别是当生物扰动叠置沉积效应不强时（图5.21；Bentley等，2006）。这些观察结果表明，沉积物间歇性并且快速沉入海底，并且高频沉积事件可能进一步限制有机碳出露在氧化环境的时间而有助于有机碳保存。

测试层段并不是所有的泥岩岩相都以黏土粒度为主。有些岩相（图5.21、图5.25）是较粗粒度的，并且除了黏土粒级的组分外，还含有大量的粉砂—砂粒级组分。在某些相中（图5.21），这个较粗的部分主要由石英组成，而在其他相中，较粗的部分包括生物碎屑（图5.24）、岩屑（图5.22）及改造的早期成岩沉淀物，特别是白云石菱形体。粗粒部分的不同组成意味着动态的沉积体系，并且在相对较短的垂直沉积序列中具有多个源。具体来说，较粗的部分很可能源于周围区域风化产物（石英粉砂组分），海底生物的局部改造作用产物（化石碎片），先前沉积和半固结（岩屑颗粒）沉积物改造产物，以及沉积物成岩改造作用产物（白云石菱形粒）。这种变化表明，随着沉积物源的运输和沉积变化，沿沉积剖面的相对近端到远端部分沉积相不断发生变化，甚至在10m厚的泥岩层序内也是如此。

在某些情况下，单个地层通常是底部突变和正粒序层理（图5.18、图5.25）。此外，饥饿的波状层理和波浪增强沉积物重力流沉积存在于某些层段中（图5.18）。具有弯曲的下界面和内部薄层（图5.21）波纹形态表明为平流沉积运移（Macquaker，Bohacs，2007；Macquaker等，2010）。这些沉积物结构表明浮力羽流中悬浮沉淀并不是唯一的沉积物分散/运移机制，并且强调这种沉积系统的动态和多样性。

在 Clavell's Hard 的层序中有两个泥岩相富含有机碳（TOC>25%；相 10、相 11；图 5.26、图 5.27）。这些相由压实和未破碎的藻类显微组成，并且局部含有碳酸盐和黄铁矿胶结物。出现黄铁矿和非铁质碳酸盐（包括方解石和白云石）组合以及缺乏生物扰动表明，在泥质沉积之后，即使养分（还原剂）足以支持广泛的有机体群，这些相原始沉积结构不会被海底有氧生物群体破坏。这些观察结果表明，较深的埋藏孔隙水（>5mm）中的氧浓度受到限制，并且硫酸盐还原条件在缺氧和硫化的孔隙水中发育良好。然而，相 11 中出现剥蚀面和内碎屑（图 5.27）表明，即使这些沉积物主要沉积在缺氧条件下，水体中仍有足够的能量对其进行改造，至少偶尔平流作用将半固结物质运移至盆地内的其他区域。

碳酸盐胶结泥岩（相 12）在野外十分常见（如 0.7m 厚 Rope Lake Head Stone Band；图 5.18）。该相显示出独特的微结构特征，90%以上由方解石、白云石和黄铁矿微晶胶结物组成。此外，该相含有少量的颗石藻和黏土矿物，以及 12%的 TOC（图 5.28、表 5.1）。剩余沉积碎屑集中在胶结晶体之间，这部分是沉积物的原始基质来源。我们将观察到的胶结物解释为最初充满水的孔隙空间（孔隙度）中的沉淀作用（Curtis 等，1986）。鉴于胶结物占大部分岩石体积，这里胶结沉淀可能发生在典型压实之前（Raiswell，1971）。白云石、黄铁矿和方解石胶结组合的存在表明微生物过滤作用，特别是还原硫酸盐和生成甲烷，为胶结沉淀提供了许多溶质。这种解释得到稳定同位素分析证据证实（Irwin 等，1977；Scotchman，1991）。尽管这些胶结物一般只占所有遇到相的相当小的一部分，表明它们的孔隙水在埋藏后不久就缺氧，但相 12 的结核状碳酸盐是独特的，因为胶结部分是其主要成分。硫酸盐是该胶结过程中的关键氧化剂，是由上覆水体扩散而来的（Berner，1980；Rickard 和 Luther，2006，2007）。这是一个基本的地球化学条件，也就是在反应地区具有大量的氧化剂和还原剂，这样才能形成相 12 中所观察到的大量胶结物。在这种情况下，通过扩散提供氧化剂为这一过程提供燃料，有两种方式实现这一点。一种可能性是，作为有机体集群现象的副产物，有机体大量沉积使硫酸盐供应速率增加。另一种可能性是，当沉积物沉积速率低时，孔隙水与上覆水体扩散接触的时间显著增加。尽管通过有机体生长可以增加氧气的供应量，但该过程并不供应硫酸盐，因为这一过程总是有扩散组分，有些胶结物具有硫酸盐还原特征。因此，沉积物积累速率降低（仅比胶结物沉淀速率稍高）可能是胶结物广泛发育的主要原因。长时间的沉积物中断也是海底生物广泛生存的原因之一（Macquaker，Gawthorpe，1993）。根据广泛发育的碳酸盐胶结和局部发育痕迹化石（*Rhizocorallium* isp，*Planolites* isp.，*Chondrites* isp.），将相 12 解释为沉积间断结果。

细胞外多糖物质包裹现代泥质沉积物的组成颗粒，并形成有机细丝的网格来连接未压实的孔隙体积。该细胞外多糖物质是细菌分泌产物，这些细菌用黏土和粉碎的颗粒作为生长的基质。这种细胞外多糖网格的存在对沉积物有三个主要影响。首先，它在物理上阻碍流体流过充水孔隙体积。其次，当大量的有机物质与泥质沉积物相连时，对氧气的需求非常高，在沉积物—水体接触面附近迅速形成缺氧条件。最后，细胞外多糖网格通过充当黏合剂将颗粒黏合在一起来稳定未压实的泥岩。我们推测，细胞外多糖网格极大地影响了泥岩中观察到的相属性。首先，如上所述，一旦沉积物埋藏到几毫米的深度，这种网格可能通过限制沉积物中的氧气供应促进了有机碳的保存。这能确保孔隙水迅速变成硫化物/缺氧并且形成黄铁矿沉淀。这种解释说明了这里遇到的所有相中或多或少存在黄铁矿的原因。其次，推测在沉积物中存在大量有机物质，这至少增加了有机物质被沉积物掩埋的可能性。这种解释得到了所有岩相中 TOC 均高于背景值的支持（表 5.1）。最后，推测细胞外多糖网格的存在加速泥岩固结。微弱的固结泥岩可以抵抗侵蚀，因此，当能量足以改造沉积物时，内碎屑（图 5.22）物质被侵蚀。

5.3.6 总结

根据详细的野外调查和薄片分析并结合地球化学资料，在英格兰南部 Clavell's Hard 地区 Kimmeridge 泥岩地层出露 10m 厚层段中确定了 12 个相。这与前人的研究差异较大。根据结构、层理、成分和颗粒来源等特征，将各个相分开。这些相包括：

(1) 混合的、富含碎屑的碳质细—中粒泥岩；
(2) 含有粪粒碳质细—中粒泥岩；
(3) 含有孔虫团块碳质细—中粒泥岩；
(4) 含钻孔的碳质—中粒泥岩；
(5) 以碎屑为主，波状层理，碳质中—粗粒泥岩；
(6) 富含内碎屑的干酪根泥岩；
(7) 混合的、碎屑为主的碳质中—粗粒泥岩；
(8) 混合的、生物碎屑为主的碳质中—粗粒泥岩；
(9) 成岩碎屑衍生的、波状层理碳质粗粒泥岩；
(10) 干酪根泥岩；
(11) 干酪根岩；
(12) 碳酸盐胶结的碳质细粒泥岩。

该工作加深了我们对形成 Kimmeridgian 泥岩地层的基本控制因素的理解。这些上覆拱形细粒泥岩表明它们全部形成于陆架环境之中，远离粗碎屑物质输入。在较粗碎屑内沉积粒度变化表明泥质沉积在更广泛的缺乏粗粒碎屑物质陆架沉积区域的相对较近的到较远的沉积剖面之中。在每个相中，组分的主要差异表明不同沉积物源和复杂的沉积运移过程。这些沉积结构，包括正粒序层理、波状层理、波浪增强沉积重力流地层以及存在球状结构，表明沉积物扩散和沉积过程中存在明显的变化。例如，岩相 10 和相 11 可能与高初始生物产量环境、分层水体（至少间歇性）、海底的硫化条件及通过漂浮羽状物中的悬浮搬运方式沉降沉积相关。相反，相 2、相 5 和相 9 沉积在水体完全充氧环境中，海底表层沉积物被剥蚀，沉积物通过底负载作用或者浊流搬运。生物扰动在许多相中的普遍存在表明，一旦泥岩沉积，沉积物—水体交界处的条件适合于巨型动物群落生存。这些相中保存大量的有机质，存在生物扰动表明，底层水体缺氧不是增强有机碳保存的先决条件。我们的研究结果表明，存在大量有机碳、相对有限的碎屑输入及有限的出露氧化环境促进了研究区泥岩层系中有机碳的保存。组分颗粒的大表面积和反应性质、存在氧化剂和还原剂与沉降中断耦合出现，有利于早期成岩产物广泛的叠置沉积。

5.3.7 结束语

在野外调查和微观尺度的详细检测可以识别和描述泥岩的基本物理、生物和化学属性。这种检测使我们能够对形成 Kimmeridgian 泥岩地层的过程进行重新评价。没有泥岩结构、层理、成分和颗粒来源的详细描述，这项工作几乎不可能进行。

第 6 章 结 论

　　泥岩在沉积过程中形成垂向和横向，无论是毫米还是千米尺度，均为非均质性特征。本书认为有必要详细描述各种尺度泥岩，包括从纹层到地层组，这样可以更好地解释控制泥岩地层沉积过程和成岩变化，并且有利于对比不同泥岩特征。为了对泥岩进行更细致描述和更精确解释，我们首先引用了强调泥岩结构、层理、组成及颗粒成因变化的综合命名法，还采用一系列研究泥岩特征有效的步骤及方法。我们根据三个研究实例及数百个古生代到现今样品的物理、生物和化学特征展示了泥岩的非均质性。已有例子结合先前知识及最新研究领域、岩相和实验室观测结果，提出在描述泥岩时所面临的挑战。

　　本书的目的不是要提供泥岩全部特征，也不是要讨论这些岩石中所有的变化特征。近年来，我们对泥岩的了解快速发展。《泥岩研究基础》为我们迄今为止所学一些经验缩影并介绍目前还存在的一些挑战。我们希望大家根据文中实例和解释，提高研究水平并增强对泥岩的了解。

参 考 文 献

Abreu V, Neal J, Bohacs K M, et al., 2010. Sequence stratigraphy of siliciclastic systems—The ExxonMobil Methodology: Atlas of Exercises: SEPM, Concepts in Sedimentology and Paleontology #9, p226.

Abreu V, Pederson K, Neal J, et al., 2014. A simplified guide for sequence stratigraphy: Nomenclature, definitions and method: Geological Society of America Annual Meeting in Vancouver, British Columbia, Abstracts with Programs, v. 46, No. 6, p. 832.

Adams J A S, Weaver C E, 1958. Thorium-to-uranium ratios as indicators of sedimentary processes: example of concept of geochemical facies: American Association of Petroleum Geologists, Bulletin, v. 42, p. 387-430.

Aigner T, Reineck H E, 1982. Proximality trends in modern storm sands from the Helgoland Bight (North Sea) and their implications for basin analysis: Senckenbergiana Maritima, v. 14, p. 183-215.

Alldredge A L, Silver M W, 1988. Characteristics, dynamics and significance of marine snow: Progress in Oceanography, v. 20, p. 41-82.

Allen J R L, 1982. Sedimentary Structures; Their Character and Physical Basis, vol. 2: Amsterdam, Elsevier, p. 663.

Aplin A C, Macquaker J H S, 2010. Getting started in shales: American Association of Petroleum Geologists/Datapages-Getting Started Series GS20.

Aplin A C, Macquaker J H S, 2011. Mudstone diversity: Origin and implications for source, seal, and reservoir properties in petroleum systems: American Association of Petroleum Geologists, Bulletin, v. 95, p. 2031-2059.

Arthur M A, Sageman B B, 1994. Marine black shales: Depositional mechanisms and environments of ancient deposits: Annual Review of Earth and Planetary Sciences, v. 22, p. 499-551.

Barrows M H, Cluff R M, 1984. New Albany Shale Group (Devonian-Mississippian) source rocks and hydrocarbon generation in the Illinois Basin, in Demaison, G., and Morris, R. J., eds., Petroleum geochemistry and basin evaluation: American Association of Petroleum Geologists, Memoir, v. 35, p. 111-138.

Berner R A, 1969 The synthesis of framboidal pyrite: Economic Geology, v. 64, p. 383-384.

Berner R A, 1970. Sedimentary Pyrite Formation: American Journal of Science, v. 268, p. 2-23.

Berner R A, 1980. Early diagenesis: a theoretical approach, in Holland, H. D., ed., Princeton Series in Geochemistry: Princeton University Press, p. 237.

Berner R A, 1981. A new geochemical classification of sedimentary environments: Journal of Sedimentary Petrology, v. 51, p. 359-366.

Berner R A, 1982. Burial of organic carbon and pyrite sulfur in the modern ocean: its geochemical and environmental significance: American Journal of Science, v. 282, p. 451-473.

Berner R A, 1984. Sedimentary pyrite formation: an update: Geochimica et Cosmochimica Acta, v. 48, p. 605-615.

Betts J N, Holland H D, 1991. The oxygen content of ocean bottom waters, the burial efficiency of organic carbon, and the regulation of atmospheric oxygen: Global and Planetary Change, v. 5, p. 5-18.

Blatt H, 1982. Sedimentary petrology: San Francisco, Freeman, p. 564.

Blatt H, Tracy R J, 1996, Petrology Igneous, Sedimentary, and Magmatic: Second Edition, New York, Freeman, p. 529.

Blatt H, Middleton G, Murray R, 1972. Origin of Sedimentary Rocks: Englewood Cliffs, New Jersey, Prentice-Hall, Inc. , p. 634.

Blatt H, Middleton G, Murray R, 1980. Origin of Sedimentary Rocks: Second Edition, Englewood Cliffs, New Jersey, Prentice-Hall, Inc. , p. 782.

Boersma J R, 1970. Distinguishing features of wave-ripple cross-stratification and morphology: Doctoral Thesis, University of Utrecht, p. 65.

Bohacs K M, 1990. Sequence stratigraphy of the Monterey Formation, Santa Barbara County: Integration of physical, chemical, and biofacies data from outcrop and subsurface, in Keller M M, McGowen M K, eds. , Miocene and Oligocene Petroleum Reservoirs of the Santa Maria and Santa Barbara—Venture Basins, California: SEPM, Core Workshop No. 14, p. 139-201.

Bohacs K M, 1998. Contrasting expressions of depositional sequences in mudrocks from marine to non marine environs, in Schieber J, Zimmerle W, Sethi P, eds. , Shales and mudstones, Volume I E, Schweizerbart'sche Verlagsbuchhandlung (Nägele u. Obermüller), p. 33-78.

Bohacs K M, Schwalbach J R, 1992. Sequence stratigraphy of fine-grained rocks with special reference to the Monterey Formation, in Schwalbach J R, Bohacs K M, eds, Sequence stratigraphy in fine-grained rocks: examples from the Monterey Formation: SEPM, The Pacific Section, Guidebook 70, p. 7-19.

Bohacs K M and Schwalbach J R, 1994. Natural gamma-ray spectrometry of the Monterey Formation at Naples Beach, California: insights into lithology, stratigraphy, and source-rock quality, in Hornafius J S, ed. , Field guide to the Monterey Formation between Santa Barbara and Gaviota, California: SEPM, The Pacific Section Venture meeting, p. 123.

Bohacs K M, Lazar O R, 2008. The role of sequence stratigraphy in unraveling and applying the complex controls from mudstone reservoir properties: AAPG Annual Convention and Exhibition, Program with Abstracts, v. 17, p. 21.

Bohacs K M, Lazar O R, 2010a. Sequence Stratigraphy in Fine-grained Rocks, in Schieber J, Lazar O R, Bohacs K M, eds. , Sedimentology and stratigraphy of shales: Expression and correlation of depositional sequences in the Devonian of Tennessee, Kentucky, and Indiana: SEPM, Field Guidebook, p. 15-30.

Bohacs K M, Lazar O R, 2010b. Sequence stratigraphy in fine-grained rocks at the field to flow-unit scale: insights for correlation, mapping, and genetic controls: Applied Geoscience Conference of US Gulf Region Mudstones as Unconventional Shale Gas/Oil Reservoirs, Houston Geological Society.

Bohacs K M, Grabowski G J Jr, Neal J E, 2004. Unlocking geological history: The key roles of mudstones and sequence stratigraphy, in Schieber J, Lazar R O, eds, Devonian Black Shales of the Eastern U. S. : New Insights into Sedimentology and Stratigraphy from the Subsurface and Outcrops in the Illinois and Appalachian Basins: Indiana Geological Survey Open File Study 04-05, p. 78.

Bohacs K M, Grabowski G J J, Carroll A R, et al., 2005. Production, destruction, and dilution-the many paths to source-rock development, in Harris, N. B., ed., The deposition of organic-carbon-rich sediments: models, mechanisms, and consequences: SEPM, Special Publication 82, p. 61-101.

Bohacs K M, Ottmann J D, Lazar O R, et al., 2011. Genetic controls on the occurrence, distribution, and character of reservoir-prone strata of the Eagle Ford Group and related rock: Houston Geological Society Annual Meeting.

Bohacs K M, Lazar O R, Demko T M, 2014. Parasequence types in shelfal mudstone strata—quantitative observations, lithofacies stacking patterns, and a conceptual link to modern depositional regimes: Geology, v. 42, p. 131-134.

Bowen Z P, Rhoads D C, McAlester A L, 1974. Marine benthic communities in the Upper Devonian of New York: Lethaia, v. 7, p. 93-120.

Bramlette M N, 1946. The Monterey Formation of California and the origin of its siliceous rocks: USGS Professional Paper 212, p. 57.

Bromley R G, 1990. Trace Fossils: London, Unwin Hyman, 280 p.

Bromley R G, Ekdale A A, 1984. Chondrites: a trace fossil indicator of anoxia in sediments: Science, v. 224, p. 872-874.

Brown J S, 1943. Suggested use of the word microfacies: Economic Geology, v. 38, p. 325.

Buol S W, Hole F D, McCracken P J, 1980. Soil Genesis and Classification, 2nd Edition: Iowa State University Press, Ames, Iowa, p. 360.

Byers C W, 1977. Biofacies patterns in euxinic basins: a general model: SEPM, Special Publication 25, p. 5-17.

Calvert S E, 1987. Oceanographic controls on the accumulation of organic matter in marine sediments, in Brooks, J., Fleet A J, eds., Marine Petroleum Source Rocks: Geological Society of London, Special Publication 26, p. 137-151.

Calvert S E, Karlin R E, 1991. Relationships between sulphur, organic carbon, and iron in the modern sediments of the Black Sea: Geochimica et Cosmochimica Acta, v. 55, p. 2483-2490.

Calvert S E, Pedersen T F, 1992. Organic carbon accumulation and preservation in marine sediments: How important is the anoxia?, in Whelan J K, Farrington J W, eds., Organic Matter: Productivity, Accumulation and Preservation in Recent and Ancient Sediments: New York, Columbia University Press, p. 231-263.

Campbell G, 1946. New Albany Shale: Geological Society of America, Bulletin, v. 57, p. 829-903.

Campbell C V, 1967. Lamina, laminaset, bed and bedset: Sedimentology, v. 8, p. 7-26.

Canfield D E, 1989. Sulfate reduction and oxic respiration in marine sediments: Implications for organic-carbon preservation in euxinic environments: Deep-Sea Research, v. 36, p. 121-138.

Canfield D E, Raiswell R, 1991. Pyrite formation and fossil preservation, in Allison P A and Briggs D E G, eds., Topics in Geobiology: New York, Plenum Press, p. 337-387.

Canfield D E, Lyons T W, Raiswell R, 1996. A model for iron deposition to euxinic Black Sea sediments: American Journal of Science, v. 296, p. 818-834.

Chamberlain C K, 1978. Recognition of trace fossils in cores, in Basan P B, ed., Trace Fossil Concepts: SEPM, Short Course 5, p. 119-166.

Cluff R M, Byrnes A P, 1991. Lopatin analysis of maturation and petroleum generation in the Illinois Basin, in Leighton M W, Kolata D R, Oltz D F, Eidel J J, eds., Interior cratonic basins, American Association of Petroleum Geologists, Memoir 51, p. 425-454.

Cluff R M, Reinbold M L, Lineback J A, 1981, The New Albany Shale Group of Illinois: Illinois State Geological Survey Circular 518, p. 83.

Cole R D, Picard M D, 1975. Primary and secondary structures in oil shale and other fine-grained rocks, Green River Formation (Eocene), Utah and Colorado: Utah Geology, v. 2, p. 49-67.

Colton G W, de Witt W, 1958. Stratigraphy of the Sonyea Formation of Late Devonian age in western and west central New York: U.S. Geological Survey, Oil and Gas Investigations Chart OC-54, 1 sheet.

Cox B M, Gallois R W, 1981. The stratigraphy of the Kimmeridge Clay of the Dorset type area and its correlation with some other Kimmeridgian sequences: Rep. Inst. Geol. Sci., v. 80/4, p. 1-44.

Cuomo C M, Rhoads D C, 1987. Biogenic sedimentary fabrics associated with pioneering polychaete assemblages: Modern and ancient: Journal of Sedimentary Petrology, v. 57, p. 537-543.

Cuomo M C, Bartholomew P R, 1991, Pelletal black shale fabrics: their origin and significance, in Tyson R V, Pearson T H, eds., Modern and Ancient Continental Shelf Anoxia: Geological Society of London, Special Publication 58, p. 221-232.

Curtis C D, 1977. Sedimentary geochemistry: Environments and processes dominated by involvement of an aqueous phase: Royal Society (London) Philosophical Transactions A, v. 286, p. 353-372.

Curtis J B, 2002. Fractured shale-gas systems: American Association of Petroleum Geologists, Bulletin, v. 86, p. 1921-1938.

Curtis C D, Coleman M L, Love L G, 1986. Pore water evolution during sediment burial from isotopic and mineral chemistry of calcite, dolomite and siderite concretions: Geochimica et Cosmochimica Acta, v. 50, p. 2321-2334.

Cuvillier J, 1952. La notion de "microfacies" et ses applications: VIII Congr. Naz. Metano et Petrolio, sect. I, 1-7.

Dean W E, Arthur M A, 1989. Iron-sulfur-carbon relationships in organic-carbon-rich sequences I: Cretaceous Western Interior Seaway: American Journal of Science, v. 289, p. 708-743.

De Raaf J F M, Boersma R J, van Gelder A, 1977. Wave-generated structures and sequences from a shallow marine succession, Lower Carboniferous, County Cork, Ireland: Sedimentology, v. 24, p. 451-483.

Demaison G J, 1991. Anoxia vs productivity: What controls the formation of organic carbon-rich sediments and sedimentary rocks? Discussion: American Association of Petroleum Geologists, Bulletin, v. 75, p. 499.

Demaison G J, Moore G T, 1980. Anoxic environments and oil source bed genesis: Organic Geochemistry, v. 2, p. 9-31.

Donoghue P C J, Forey P L, Aldridge R J, 2000. Conodont affinity and chordate phylogeny: Biological Review, v. 75, p. 191-251.

Dott R H Jr, Bourgeois J, 1982. Hummocky stratification: Significance of its variable bedding sequences: Geological Society of America, Bulletin, v. 93, p. 663-680.

Droser M L, Bottjer D J, 1986. A semiquantitative field classification of ichnofabric: Journal of Sedimentary Research, v. 56, p. 558-559.

Dunham R J, 1962. Classification of carbonate rocks according to depositional texture: American Association of Petroleum Geologists, Memoir 1, p. 108-121.

Elrod V A, Berelson W M, Coale K H, et al. , 2004. The flux of iron from continental shelf sediments: a missing source for global budgets: Geophysical Research Letters, v. 31, L12307, p. 4.

Ettensohn F R, 1992. Changing interpretations of Kentucky geology - layer-cake, facies, flexure, and eustacy: Miscellaneous Report No. 5; Field Trip 15 for the Annual Meeting of the Geological Society of America, p. 184.

Ettensohn F R, Miller M L, Dillman S B, et al. , 1988. Characterization and implications of the Devonian-Mississippian black shale sequence, eastern and central Kentucky, U. S. A. : pycnoclines, transgression, regression, and tectonism, in McMillan N J, Embry A F, Glass D J, eds. , Devonian of the world Volume II Sedimentation, Canadian Society of Petroleum Geologists, p. 323-345.

Farrimond P, Comet P, Eglinton G, et al. , 1984. Organic geochemical study of the Upper Kimmeridge Clay of the Dorset type area Marine and Petroleum Geology 1, p. 340-354.

Flemming B W, 2000. A revised textural classification of gravel-free muddy sediments on the basis of ternary diagrams: Continental Shelf Research, v. 20, p. 1125-1137.

Flügel E, 2004. Microfacies of Carbonate Rocks: Springer, Berlin, p. 976.

Folk R L, 1965. Petrology of Sedimentary Rocks: Austin, Texas, Hemphill's, p. 159.

Folk R L, 1968. Petrology of Sedimentary Rocks: Austin, Texas, Hemphill's, p. 170.

Föllmi K B, 1996. The phosphorous cycle, phosphogenesis and marine phosphate-rich deposits: Earth-Science Reviews, v. 40, p. 55-124.

Fowler S W, Knauer G A, 1986. Role of large particles in the transport of elements and organic compounds through the oceanic water column: Progress in Oceanography, v. 16, p. 147-194.

Gadow S, Reineck H E, 1969. Ablandiger Sandtransport bei Sturmfluten: Senckenbergiana Maritima, v. 1, p. 63-78.

Garrison R E, Kastner M and Kolodny Y, 1987. Phosphorites and phosphatic rocks in the Monterey Formation and related Miocene units, Coastal California, in Ingersoll R V, Ernst W G, eds. , Cenozoic Basin Development of Coastal California: Rubey Vol. VI. Prentice-Hall, New Jersey, p. 349-381.

Garrison R E, Kastner M and Reimers C E, 1990. Miocene Phosphogenesis in California, in Riggs S R and Burnett W C, eds. , Phosphate Deposits of the World: Vol. 3, Genesis of Neogene to Modern Phosphorites: Cambridge Univ. Press, p. 285-299.

Garrison R E, Hopple B W and Grimm K A, 1994. Phosphates and dolomites in coastal upwelling sediments of the Peru margin and the Monterey Formation (Naples Beach Section), California, in Hornafius J S, ed. , Field Guide to the Monterey Formation between Santa Barbara and Gaviota, California: American Association of Petroleum Geologists, Pacific Section, v. GB72, p. 67–84.

Gordon E A, Bridge J S, 1987. Evolution of Catskill (Upper Devonian) River Systems: Intra- and extrabasinal controls: Journal of Sedimentary Petrology, v. 57, p. 234–249.

Gray J, Boucot A J, 1977. Early vascular land plants: proof and conjecture: Lethaia, v. 10, p. 145–174.

Gray J and Boucot A J, 1979. The Devonian land plant Protosalvinia: Lethaia, v. 12, p. 57–63.

Grimm K A and Föllmi K B, 1994. Doomed pioneers: Allochthonous crustacean trace makers in anaerobic basinal strata, Oligo–Miocene San Gregorio Formation, Baja California Sur, Mexico: Palaios, v. 9, p. 313–334.

Guthrie J M, Bohacs K M, 2009. Spatial Variability of Source Rocks: A Critical Element for Defining the Petroleum System of Pennsylvanian Carbonate Reservoirs of the Paradox Basin, SE Utah, in Houston W S, Wray L L and Moreland P G, eds. , The Paradox Basin Revisited—New Developments in Petroleum Systems and Basin Analysis: Rocky Mountain Association of Geologists, Special Publication, p. 95–130.

Hannibal J T, 1994. Methods for distinguishing carbonized specimens of the presumed cephalopod aptychus Sidetes (Spathiocaris) from the plant Protosalvinia (Foerstia): Journal of Paleontology, v. 68, p. 671–673.

Harris C K, Traykovsky P A and Rockwell-Geyer W, 2005. Flood dispersal and deposition by near-bed gravitational sediment flows and oceanographic transport: A numerical modeling study of the Eel River shelf, northern California: Journal of Geophysical Research, v. 110, p. 1–16.

Hartnett H E, Keil R G, Hedges J I, et al. , 1998. Influence of oxygen exposure time on organic carbon preservation in continental margin sediments: Nature, v. 391, p. 572–574.

Hasenmueller N R, Comer J B, 2000. Gas potential of the New Albany Shale (Devonian and Mississippian) in the Illinois Basin, Gas Research Institute, GRI-00/0068, p. 83.

Hasenmueller N R, Matthews R D, Kepferle R C, et al. , 1983. Foerstia (Protosalvinia) in Devonian shales of the Appalachian, Illinois, and Michigan Basins, eastern United States: Proceedings 1983 Eastern Oil Shale Symposium, p. 41–58.

Hasenmueller N R, Boberg W S, Lumm D K, et al. , 2000. Stratigraphy, in Hasenmueller, N R and Comer J B, eds. , Gas potential of the New Albany Shale (Devonian and Mississippian) in the Illinois Basin, Gas Research Institute, Kranck K, Milligan T G, 1980. Macroflocs: Production of marine snow in the laboratory: Marine Ecology-Progress Series, v. 3, p. 19–24.

Hay W W, 1995. Paleoceanography of marine organic-carbon-rich sediments, in Huc, A Y, ed. , Paleogeography, Paleoclimate, and Source Rocks, American Association of Petroleum Geologists, Studies in Geology 40, p. 21–59.

Heinrichs S M, Reeburgh W S, 1987. Anaerobic mineralization of marine sediment organic matter: rates and the role of anaerobic processes in the oceanic carbon economy: Geomicrobiology Journal, v. 5, p. 191–238.

Hillier S, 1995. Erosion, sedimentation and sedimentary origin of clays, in B Velde, ed. , Origin and mineralogy of clays: Berlin, Germany, Springer-Verlag, p. 162-219.

House M R and Gradstein F M, 2004. The Devonian Period, in Gradstein F M, Ogg J G, Smith A G, eds. , A geologic time scale 2004, Cambridge University Press, p. 202-221.

Hower J, Eslinger E V, Hower M E, et al. , 1976. Mechanism of burial metamorphism of argillaceous sediment. 1. Mineralogical and chemical evidence: Geological Society of America, Bulletin, v. 87, p. 725-737.

Huddle J W, 1934. Conodonts from the New Albany Shale of Indiana: Bulletins of American Paleontology, v. 21, p. 189-324.

Hutchins D A, Bruland K W, 1998. Iron-limited diatom growth and Si: N uptake ratios in coastal upwelling regime: Limnology and Oceanography, v. 43, p. 1037-1054.

Ingram R L, 1953. Fissility of mudrocks: Geological Society of America, Bulletin, v. 64, p. 869-878.

Irwin H, Curtis C D, Coleman M L, 1977. Isotopic evidence for source of diagenetic carbonates formed during burial of organic-rich sediments: Nature, v. 269, p. 209-213.

Isaacs C M, 1981. Field characterization of rocks in the Monterey Formation along the coast west of Santa Barbara, in Isaacs C M, ed. , Guide to the Monterey Formation in the California coastal area, Ventura to San Luis Obispo, American Association of Petroleum Geologists, Pacific Section, v. 52, p. 39-54.

Jaminski J, Algeo T J, Maynard J B, et al. , 1998. Climatic origin of dm-scale compositional cyclicity in the Cleveland Member of the Ohio Shale (Upper Devonian), central Appalachian Basin, U. S. A. , in Schieber J, Zimmerle W, Sethi P, eds, Shales and mudstones, Volume I: E. Schweizerbart' sche Verlagsbuchhandlung (Nägele u. Obermüller), p. 217-242.

Johnson H D, Baldwin C T, 1996. Shallow Clastic Seas: in Sedimentary Environments: Processes, Facies and Stratigraphy, 3rd Edition, H G Reading, ed. , Blackwell, p. 232-280.

Johnson J G, Klapper G, Sandberg C A, 1985. Devonian eustatic fluctuations in Euramerica: Geological Society of America, Bulletin, v. 96, p. 567-587.

Johri P, Schieber J, 1999. A detailed study of gamma ray logs from the Laconia field in southern Indiana: Internal stratigraphy of the New Albany Shale and implications for sequence stratigraphy: Geological Society of America, Abstracts with Programs, v. 31, p. A-10.

Jonk R, Lazar R, Passey Q, et al. , 2010. A sequence-stratigraphic approach to constructing Earth models of shale gas systems: European Association of Geoscientists and Engineers, Shale Workshop, Nice, France, A03.

Kaufmann B, 2006. Calibrating the Devonian Time Scale: a synthesis of U-Pb ID-TIMS ages and conodont stratigraphy: Earth Science Reviews, v. 76, p. 175-190.

Kepferle R C, 1981. Correlation of Devonian shale between the Appalachian and the Illinois Basins facilitated by Foerstia (Protosalvinia), in Roberts T G, ed. , Geological Society of America, Cincinnati' 81 Field Trip Guidebooks: Economic geology, structure, Volume II, American Geological Institute, p. 334-335.

Kepferle R C, 1993. A depositional model and basin analysis for the gas-bearing black shale (Devonian and Mississippian) in the Appalachian Basin: U. S. Geological Survey, Bulletin 1909, p.

F1-F23.

Klimentidis R, Lazar R, Bohacs K, et al., 2010. Petrographic Characterization of Mudstones: American Association of Petroleum Geologists, Search and Discover Article #90104.

Könitzer S F, Davies S J, Stephenson M H, et al., 2014. Depositional controls on mudstone lithofacies in a basinal setting: Implications for the delivery of sedimentary organic matter: Journal of sedimentary Research, v. 84, p. 198-214.

Kranck K, Milligan T G, 1983. Grain size distributions of inorganic suspended river sediment, Mitt. Geol. Palaeontol. Inst., University of Hamburg, v. 55, p. 525-534.

Kranck K, Milligan T G, 1985. Origin of grain size spectra of suspension deposited sediment, Geo-Marine Letters, v. 5, p. 61-66.

Kreisa R D, Bambach R K, 1982. The role of storm processes in generating shell beds in Paleozoic shelf environments, in Einsele G and Seilacher A, eds., Cyclic and Event Stratification: Berlin, Springer-Verlag, p. 200-207.

Land L S, 1997. Mass transfer during burial diagenesis in the Gulf of Mexico sedimentary basin: An overview: Basin-wide Diagenetic Patterns: Integrated Petrologic Geochemical and Hydrologic Considerations SEPM, Special Publication No 57, p. 29-39.

Land L S, Lynch F L, Mack L E, et al., 1997. Burial metamorphism of argillaceous sediment, Gulf of Mexico sedimentary basin: A re-examination: Geological Society of America, Bulletin, v. 109, p. 2-15.

Lazar O R, 2007. Redefinition of the New Albany Shale of the Illinois basin: An integrated, stratigraphic, sedimentologic, and geochemical study: unpublished Ph.D. thesis, Indiana University, Bloomington, 336p.

Lazar O R, Schieber J, 2006. Stratigraphic insights into Late Devonian black shales of the Illinois and Appalachian Basins: Outcrop to subsurface examples: American Association of Petroleum Geologists, Annual Convention, Houston, Abstracts Volume 90, p. A38.

Lazar O R, Bohacs K M, Macquaker J H S, et al., 2010. Fine-grained Rocks in Outcrops: Classification and Description Guidelines, in Schieber J, Lazar O R, Bohacs K M, eds., Sedimentology and Stratigraphy of Shales: Expressions and Correlation of Depositional Sequences in the Devonian of Tennessee, Kentucky, and Indiana: American Association of Petroleum Geologists, Annual Convention, Field Guide for SEPM, Field Trip 10, p. 3-14.

Lazar O R, Bohacs K M, Macquaker J H S, et al., 2015. Capturing key attributes of fine-grained sedimentary rocks in outcrops, cores, and thin sections: Nomenclature and description guidelines: Journal of Sedimentary Research, v. 85, p. 230-246.

Lineback J A, 1964. Stratigraphy and depositional environment of the New Albany Shale (Upper Devonian and Lower Mississippian) in Indiana Ph D, Thesis, Indiana University, p. 136.

Lineback J A, 1968. Subdivisions and depositional environments of New Albany Shale (Devonian-Mississippian) in Indiana: American Association of Petroleum Geologists, Bulletin, v. 52, p. 1291-1303.

Lineback J A, 1970. Stratigraphy of the New Albany Shale in Indiana, Volume 44, State of Indiana, Department of Natural Resources Geological Survey Bulletin, p. 73.

Lobza V, Schieber J, 1999. Biogenic sedimentary structures produced by worms in soupy, soft muds: Observations from the Chattanooga Shale (Upper Devonian) and experiments: Journal of Sedimentary Research, v. 69, p. 1041-1049.

Lundegard P D, Samuels N D, 1980. Field classification of fine-grained sedimentary rocks: Journal of Sedimentary Petrology, v. 50, p. 781-786.

Mack G H, James W C and Monger H C, 1993. Classification of paleosols: Geological Society of America, Bulletin, v. 105, p. 129-136.

Macquaker J H S and Gawthorpe R L, 1993. Mudstone lithofacies in the Kimmeridge Clay Formation, Wessex Basin, Southern England: Implications for the origin and controls of the distribution of mudstones: Journal of Sedimentary Research, v. 63, p. 1129-1143.

Macquaker J H S and Taylor K G, 1996. A sequence-stratigraphic interpretation of a mudstone-dominated succession: the Lower Jurassic Cleveland Ironstone Formation, UK: Journal of the Geological Society of London, v. 153, p. 759-770.

Macquaker J H S and Howell J K, 1999. Small-scale (<5.0 m) vertical heterogeneity in mudstones: Implications for high-resolution stratigraphy in siliciclastic mudstone successions: Journal of the Geological Society, v. 156, p. 105-112.

Macquaker J H S and Jones C R, 2002. A Sequence-stratigraphic Study of Mudstone Heterogeneity: A Combined Petrographic/Wireline Log Investigation of Upper Jurassic Mudstones from the North Sea (U. K.), in Lovell M, Parkinson N, eds., Geological applications of well logs: American Association of Petroleum Geologists, Methods in Exploration No. 13, p. 123-141.

Ma cquaker J H S, Adams A E, 2003. Maximizing information from fine-grained sedimentary rocks: An inclusive nomenclature for mudstones: Journal of Sedimentary Research, v. 73, p. 735-744.

Macquaker J H S and Bohacs K M, 2007. On the accumulation of mud: Science, v. 318, p. 1734-1735.

Macquaker J H S, Gawthorpe K G, Taylor K G, et al., 1998, Heterogeneity, stacking patterns and sequence stratigraphy in distal mudstone successions; examples from the Kimmeridge Clay Formation, UK, in Shales and Mudstones; I, Basin Studies, Sedimentology, and Palaeontology, Schieber et al., eds., E. Schweizerbart'sche Verlagsbuchhandlung (Nägele u. Obermüller), p. 163-186.

Macquaker J H S, K G Taylor and Gawthorpe R L, 2007. High-resolution facies analyses of mudstones: Implications for paleoenvironmental and sequence-stratigraphic interpretations of offshore ancient mud-dominated successions: Journal of Sedimentary Research, v. 77, p. 324-339.

Macquaker J H S, Keller M A and Davies S J, 2010a. Algal blooms and "marine snow": Mechanisms that enhance preservation of organic carbon in ancient fine-grained sediments: Journal of Sedimentary Research, v. 80, p. 934-942.

Macquaker J H S, Bentley S J, Bohacs K, et al., 2010b. Advective Sediment Transport on Mud-Dominated Continental Shelves: Processes and Products: American Association of Petroleum Geologists, Search and Discovery Article #90104.

Macquaker J H S, Bentley S J and Bohacs K M, 2010c. Wave-enhanced sedimentgravity flows and mud dispersal across continental shelves: Reappraising sediment transport processes operating in ancient mudstone successions: Geology, v. 38, p. 947–950, doi: 10.1130/G31093.1.

Macquaker J H S, Taylor K G, Keller M A, et al., 2014. Compositional controls on early diagenetic pathways in fine-grained sedimentary rocks: Implications for predicting unconventional reservoir attributes of mudstones: American Association of Petroleum Geologists, Bulletin, v. 98, p. 587–603.

Martin J H, 1990. Glacial-interglacial CO_2 change: The iron hypothesis: Paleoceanography, v. 5, p. 1–13.

Martin D P, Nittrouer C A, Ogston A S, et al., 2008. Tidal and seasonal dynamics of a muddy inner shelf environment, Gulf of Papua: Journal of Geophysical Research, v. 113, p. 1–18.

McCave I N, 1984. Size spectra and aggregation of suspended particles in the deep ocean: Deep-Sea Research, v. 31, p. 329–352.

McCave I N, B Manighetti and S G Robinson, 1995. Sortable silt and fine sediment size composition slicing parameters for paleocurrent speed and paleoceanography: Paleoceanography, v. 10, p. 593–610.

Milliken K L, 1992. Chemical behavior of detrital feldspars in mudrocks versus sandstones, Frio Formation (Oligocene), South Texas: Journal of Sedimentary Petrology, v. 62, p. 790–801.

Milliken K L, 1994. Cathodoluminescent textures and the origin of quartz silt in Oligocene mudrocks, south Texas: Journal of Sedimentary Research, v. 64A, p. 567–571.

Milliken K L, 2004. Late diagenesis and mass transfer in sandstone-shale sequences: treatise on geochemistry: Oxford, Elsevier Pergamon, p. 159–190.

Milliken K L, 2013. SEM-Based Cathodoluminescence Imaging for Discriminating Quartz Types in Mudrocks: Unconventional Resources Technology Conference 1582467.

Milliken K L, 2014. A compositional classification for grain assemblages in fine-grained sediments and sedimentary rocks: Journal of Sedimentary Research, v. 84, p. 1185–1199.

Milliken K L, Esch W L, Reed R M, et al., 2012. Grain assemblages and strong diagenetic overprinting in siliceous mudrocks, Barnett Shale (Mississippian), Fort Worth Basin, Texas: American Association of Petroleum Geologists, Bulletin, v. 96, p. 1553–1578.

Milliken K L and Day-Stirrat R J, 2013. Cementation in Mudrocks: Brief Review with Examples from Cratonic Basin Mudrocks, in Chatellier J and Jarvie D, eds., Critical assessment of shale resource plays: American Association of Petroleum Geologists, Memoir 103, p. 133–150.

Mitchum Jr, R M, 1977. Seismic stratigraphy and global changes of sea level. Part 11: glossary of terms used in seismic stratigraphy, in Payton C E, ed., Seismic Stratigraphy- Applications to Hydrocarbon Exploration: American Association of Petroleum Geologists, Memoir, v. 26, p. 205–212.

Mitchum Jr, R M, Vail P R, 1977. Seismic stratigraphy and global changes of sea-level. Part 7: stratigraphic interpretation of seismic reflection patterns in depositional sequences, in Payton C E, Ed., Seismic Stratigraphy-Applications to Hydrocarbon Exploration, American Association of Petroleum Geologists, Memoir, v. 26, p. 135–144.

Morgans-Bell H S, Coe A L, Hesselbo S P, et al., 2001. Integrated stratigraphy of the Kimmeridge Clay Formation (Upper Jurassic) based on exposures and boreholes in south Dorset, UK: Geological Magazine, v. 138, p. 511-539.

Myers K J and Wignall P B, 1987. Understanding Jurassic organic-rich mudrocks—new concepts using gamma-ray spectrometry and palaeoecology: Examples from the Kimmeridge Clay of Dorset and the Jet Rock of Yorkshire, in Leggett J K and Zuffa G G, eds., Marine clastic environments: concepts and case studies: Graham and Trotman, London, p. 172-189.

Neal J and Abreu V, 2009. Sequence stratigraphy hierarchy and the accommodation succession method: Geology, v. 37, p. 779-782.

Niklas K J and Phillips T L, 1976. Morphology of Protosalvinia from the Upper Devonian of Ohio and Kentucky: American Journal of Botany, v. 63, p. 9-29.

Nøttvedt A and Kreisa R D, 1987. Model for the combined-flow origin of hummocky cross-stratification: Geology, v. 15, p. 357-361.

Nummedal D, 1991. Shallow marine storm sedimentation—the oceanographic perspective, in Einsele G, Ricken W and Seilacher A, eds., Cycles and Events in Stratigraphy: Berlin, Springer-Verlag, p. 227-248.

O'Brien N R and Slatt R M, 1990. Argillaceous rock atlas: Springer-Verlag, p. 141.

Oschmann W, 1988. Kimmeridge clay sedimentation—a new cyclic model: Palaeogeography, Palaeoclimatology, Palaeoecology, v. 65, p. 217-251.

Over D J, 2002. The Frasnian/Famennian boundary in central and eastern United States: Palaeogeography, Palaeoclimatology, Palaeoecology, v. 181, p. 153-169.

Over D J, Lazar O R, Baird G C, et al., 2009. Protosalvinia Dawson and associated conodonts of the upper Trachytera Zone, Famennian, Upper Devonian, in the eastern United States: Journal of Paleontology, v. 83, p. 70-79.

Palinkas C M, Nittrouer C A and Walsh J P, 2006. Inner-Shelf Sedimentation in the Gulf of Papua, New Guinea: A Mud-Rich Shallow Shelf Setting: Journal of Coastal Research, v. 22, p. 760-772.

Parthenaides E, 1990. Effect of bed shear stresses on the deposition and strength of deposited cohesive muds, in Bennett R H, Bryant W R and Hulbert M H, eds., Microstructure of Fine-Grained Sediments: New York, Springer-Verlag, p. 175-183.

Passey Q R, Bohacs K M, Esch W L, et al., 2010. From oil-prone source rock to gas-producing shale reservoir—geological and petrophysical characterization of unconventional shale gas reservoirs: International Oil and Gas Conference in China, June 2010, Beijing, China, The Society of Petroleum Engineers 131350-MS, p. 29.

Passey Q R, Bohacs K M, Esch W L, et al., 2012. My source rock is now my reservoir - geologic and petrophysical characterization of shale-gas reservoirs: American Association of Petroleum Geologists, Search and Discovery Article #80231.

Pedersen T F and Calvert S E, 1990. Anoxia vs productivity: What controls the formation of organic-carbon-rich sediments and sedimentary rocks? American Association of Petroleum Geologists, Bulletin, v. 74, p. 454-466.

Pemberton S G, Spilla M, Pulham A J, et al., 2001. Ichnology and Sedimentology of shallow to marginal marine systems: Geological Society of Canada, Short Course Notes, v. 15, p. 343.

Pettijohn F E, 1975. Sedimentary Rocks: New York, Harper and Row, 628 p.

Pettijohn F E, Potter P E, Siever R, 1973. Sand and Sandstones: New York, Springer-Verlag, p. 618.

Picard D M, 1971. Classification of fine-grained sedimentary rocks: Journal of Sedimentary Petrology, v. 41, p. 179-195.

Phillips T L, Niklas K J and Andrews H N, 1972. Morphology and vertical distribution of Protosalvinia (Foerstia) from the New Albany Shale (Upper Devonian): Review of Paleobotany and Palynology, v. 14, p. 171-196.

Plint A G, Macquaker J H S and Varban B L, 2012. Bedload transport of mud across a wide, storm-influenced ramp: Cenomanian-Turonian Kaskapau Formation, Western Canada Foreland Basin: Journal of Sedimentary Research, v. 82, p. 801-822.

Posamentier H W, Jervey M T, Vail P R, 1988. Eustatic controls on clastic deposition. I. Conceptual framework, in Wilgus C K, Hastings B S, Kendall C G St C, Posamentier, H W, Ross C A, Van Wagoner J C, eds., Sea Level Changes-An Integrated Approach: SEPM, Special Publication v. 42, p. 110-124.

Potma K, Jonk R, Davie M and Austin N, 2012. A mudstone lithofacies classification of the Horn River Group: Integrated stratigraphic analysis and inversion from wireline log and seismic data: 6th BC Unconventional Gas Technical Forum.

Potter P E, Maynard J B, Depetris P J, 2005. Mud & mudstones: Introduction and overview: Springer, p. 297.

Potter P E, Maynard J B, Pryor W A, 1980. Sedimentology of shale: Study guide and reference source: Springer-Verlag, p. 303.

Potter P E, Maynard J B and Pryor W A, 1982. Appalachian gas bearing Devonian shales: Statements and discussions: Oil and Gas Journal, v. 80, p. 290-318.

Raiswell R, 1971. The growth of Cambrian and Liassic concretions: Sedimentology v. 17, p. 147-171.

Raiswell R and Berner R A, 1985. Pyrite formation in euxinic and semi-euxinic sediments: American Journal of Science, v. 285, p. 710-724.

Raiswell R and Canfield D E, 1998. Sources of iron for pyrite formation in marine sediments: American Journal of Science, v. 298, p. 219-245.

Raiswell R, Buckley F, Berner R A, et al., 1988. Degree of pyritization of iron as a paleoenvironmental indicator of bottom-water oxygenation: Journal of sedimentary petrology, v. 58, p. 812-819.

Reineck H E, 1963. Sedimentgefüge im Bereich der südlichen Nordsee: Abhandlungen der Senckenbergischen Naturforschenden Gesellschaft 505, p. 1-138.

Reineck H E, 1974. Vergleich dünner Sandlagen verschiedener Ablagerungsbereiche: Geologische Rundschau, v. 63, p. 1087-1101.

Reineck H E and Singh I B, 1972. Genesis of laminated sand and graded rhythmites in storm-sand layers of shelf mud: Sedimentology, v. 18, p. 123-128.

Reineck H E and Singh I B, 1980. Depositional Sedimentary Environments: New York, Springer-Verlag, p. 549.

Reineck H E, Guttmann W F and Hertweck G, 1967. Das Schlickgebiet südlich Helgoland als Beispiel rezenter Schelfablagerungen: Senckenbergiana Lethaea, v. 48 (3/4), p. 219-357.

Retallack G J, 1988. Field recognition of paleosols, in Reinhardt J and Sigleo W R, eds., Paleosols and Weathering through Time: Principles and Applications: Geological Society of America, Special Paper 216, p. 1-20.

Rickard L V, 1964. Correlation of the Devonian rocks in New York State: New York State Museum and Science Service, Map and Chart Series 4.

Rickard L V, 1981. The Devonian system of New York state, in Oliver W A and Klapper G, eds., Devonian Biostratigraphy of New York: Washington D C, IUGS, Subcommission on Devonian Stratigraphy, p. 5-21.

Rickard D and Luther (III) G W, 2006. Metal sulfide complexes and clusters, in Vaughan D J, ed., Sulfide mineralogy and geochemistry: Mineralogical Society of America, Washington D C, Reviews in Mineralogy and Geochemistry, v. 61, p. 421-504.

Rickard D and Luther (III) G W, 2007. Chemistry of Iron Sulphides: Chemical Reviews, v. 107, p. 514-562.

Rider M, 2002. The geological interpretation of well logs: Interprint Ltd., Malta, 280 p.

Roen J B, 1993. Introductory review-Devonian and Mississippian black shales, eastern North America, in Roen J B and Kepferle R C, eds., Petroleum geology of the Devonian and Mississippian black shale of eastern North America, Volume 1909. U.S. Geological Survey Bulletin, p. A1-A8.

Romankiw L A, Hatcher P G, Roen J B, 1988. Evidence of land plant affinity for the Devonian fossil Protosalvinia (Foerstia): Lethaia, v. 21, p. 417-423.

Saelen G, Tyson R V, Telnaes N, et al., 2000. Contrasting watermass conditions during deposition of the Whitby Mudstone (Lower Jurassic) and Kimmeridge Clay (Upper Jurassic) formations, UK. Palaeogeography, Palaeoclimatology, Palaeoecology v. 163, p. 163-196.

Sandberg C A, Hasenmueller N R and Rexroad C B, 1994. Conodont biochronology, biostratigraphy, and biofacies of Upper Devonian part of New Albany Shale, Indiana: Courier Forschungs-Institut Senckenberg, v. 168, p. 227-253.

Schieber J, 1986. The possible role of benthic microbial mats during the formation of carbonaceous shales in shallow Proterozoic basins: Sedimentology, v. 33, p. 521-536.

Schieber J, 1989. Facies and origin of shales from the Mid-Proterozoic Newland Formation, Belt Basin, Montana, USA: Sedimentology, v. 36, p. 203-219.

Schieber J, 1990. Significance of styles of epicontinental shale sedimentation in the Belt basin, Mid-Proterozoic of Montana, U.S.A.: Sedimentary Geology, v. 69, p. 297-312.

Schieber J, 1994a. Evidence for episodic high energy events and shallow water deposition in the Chattanooga Shale, Devonian, central Tennessee, U.S.A: Sedimentary Geology, v. 93, p. 193-208.

Schieber J, 1994b. Reflection of deep vs shallow water deposition by small scale sedimentary features and microfabrics of the Chattanooga Shale in Tennessee, in Embry A F, Beauchamp B and Glass D J, eds. , Pangea: Global Environments and Resources: Canadian Society of Petroleum Geologists, Memoir 17, p. 773-784.

Schieber J, 1996. Early diagenetic silica deposition in algal cysts and spores: A source of sand in black shales?: Journal of Sedimentary Research, v. 66, p. 175-183.

Schieber J, 1998a. Sedimentary features indicating erosion, condensation, and hiatuses in the Chattanooga Shale of Central Tennessee: Relevance for sedimentary and stratigraphic evolution, in Schieber J, Zimmerle W and Sethi P, eds. , Mudstones and Shales 1: Basin Studies, Sedimentology, and Paleontology: E. Schweizerbart'sche Verlagsbuchhandlung (Nägele u. Obermüller), p. 187-215.

Schieber J, 1998b. Developing a Sequence Stratigraphic Framework for the Late Devonian Chattanooga Shale of the southeastern US: Relevance for the Bakken Shales, in Christopher J E, Gilboy C F, Paterson D F and Bend S L, eds. , Eight International Williston Basin Symposium: Saskatchewan Geological Society, Special Publication 13, p. 58-68.

Schieber J, 1999. Distribution and deposition of mudstone facies in the Upper Devonian Sonyea Group of New York: Journal of Sedimentary Research, v. 69, p. 909-925.

Schieber J, 2003. Simple gifts and buried treasures—Implications of finding bioturbation and erosion surfaces in black shales: The Sedimentary Record, v. 1, p. 4-8.

Schieber J, 2009. Discovery of Agglutinated Benthic Foraminifera in Devonian Black Shales and Their Relevance for the Redox State of Ancient Seas: Paleogeograpy, Paleoclimatology, Paleoecology, v. 271, p. 292-300.

Schieber J, 2011a. Reverse engineering mother nature—Shale sedimentology from an experimental perspective: Sedimentary Geology, v. 238, p. 1-22.

Schieber J, 2011b. Marcasite in black shales—A mineral proxy for oxygenated bottom waters and intermittent oxidation of carbonaceous muds: Journal of Sedimentary Research, v. 81, p. 447-458.

Schieber J and Baird G, 2001. On the origin and significance of pyrite spheres in Devonian black shales of North America: Journal of Sedimentary Research, v. 71, p. 155-166.

Schieber J and Lazar R O, 2004. Devonian Black Shales of the Eastern U. S. : New Insights into Sedimentology and Stratigraphy from the Subsurface and Outcrops in the Illinois and Appalachian Basins, Indiana Geological Survey Open File Study 04-05, p. 90.

Schieber J and Riciputi L, 2004. Pyrite ooids in Devonian black shales record intermittent sea-level drop and shallow-water conditions: Geology, v. 32, p. 305-308.

Schieber J and Southard J B, 2009. Bedload transport of mud by flocuule ripples—direct observation of ripple migration processes and their implications. Geology v. 37, p. 483-486.

Schieber J and Yawar Z, 2009. A new twist on deposition—Mud Ripples in Experiment and Rock Record: The Sedimentary Record, v. 7, no. 2, p. 4-8.

Schieber J, Krinsley D and Riciputi L, 2000. Diagenetic origin of quartz silt in mudstones and implications for silica cycling: Nature, v. 406, p. 981-985.

Schieber J, Southard J B and Thaisen K G, 2007. Accretion of mudstone beds from migrating floccule ripples: Science, v. 318, December 14, 2007, p. 1760-1763.

Schieber J, Southard J B and Schimmelmann A, 2010a. Lenticular shale fabrics resulting from intermittent erosion of water-rich muds: Interpreting the rock record in the light of recent flume experiments: Journal of Sedimentary Research, v. 80, p. 119-128.

Schieber J, Lazar R and Bohacs K M, 2010b. Sedimentology and stratigraphy of shales: Expression and correlation of depositional sequences in the Devonian of Tennessee, Kentucky, and Indiana: SEPM Field Guidebook, p. 172.

Schieber J, Lazar O R, Bohacs M K, et al., 2012. A Scanning Electron Microscope study of porosity in the Eagle Ford Shale of Texas: AAPG Search and Discovery Article #90142, American Association of Petroleum Geologists, Annual Convention and Exhibition, Long Beach, California.

Schieber J, Lazar O R, Bohacs M K, et al. An SEM Study of Porosity in the Eagle Ford Shale of Texas: American Association of Petroleum Geologists, Memoir.

Schlanger S O, Arthur M A, Jenkyns H C, et al., 1987. The Cenomanian- Turonian oceanic anoxic event, I Stratigraphy and distribution of organic carbon-rich beds and the marine $\delta^{13}C$ excursion, in Brooks J and Fleet A J, eds., Marine Petroleum Source Rocks, Geological Society Special Publications, v. 26, p. 371-399.

Schopf J M and Schwietering J F, 1970. The Foerstia Zone of the Ohio and Chattanooga Shales: U. S. Geological Survey Bulletin, v. 1294-H, p. H16.

Scotchman I C, 1991. The geochemistry of concretions from the Kimmeridge Clay Formation of southern and eastern England: Sedimentology, v. 38, p. 79-106.

Schwalbach J R and Bohacs K M, 1992. Sequence stratigraphy in fine-grained rocks: examples from the Monterey Formation: SEPM, The Pacific Section, Guidebook 70, p. 80.

Seilacher A and Aigner T, 1991. Storm deposition at the bed, facies, and basin scale: the geologic perspective, in Einsele G, Ricken W and Seilacher A, eds., Cycles and Events in Stratigraphy: Berlin, Springer-Verlag, p. 249-267.

Seilacher A and Einsele G, 1991. Distinction of tempestites and turbidites, in Einsele G, Ricken W and Seilacher A, eds., Cycles and Events in Stratigraphy: Berlin, Springer- Verlag, p. 377-382.

Shanks A L, 2002. The abundance, vertical flux, and still-water and apparent sinking rates of marine snow in a shallow coastal water column: Continental Shelf Research, v. 22, p. 2045-2064.

Shepard F P, 1954. Nomenclature based on sand-silt-clay ratios: Journal Sedimentary Petrology, v. 24, p. 151-158.

Shipboard Scientific Party, 1984. Introduction and explanatory notes, in Hay W W, Sibuet J C, etal., Initial Reports Deep Sea Drilling Project Leg 75, p. 3-25.

Slatt R M, Jordan D W, D' Agostino A E, et al., 1992. Outcrop gamma-ray logging to improve understanding of subsurface well log correlations, in Hurst A, Griffiths, C M and Worthington P F, eds., Geological applications of wireline logs II, Volume 65, GSA Special Publication, p. 3-19.

Spears D A, 1980. Towards a classification of shales: Journal of the Geological Society of London, v. 137, p. 125-129.

Stow D A, 1981. Fine-grained sediments: Terminology: Quarterly Journal of Engineering Geology and Hydrology, v. 14, p. 243-244.

Stow D A V and Shanmugam G, 1980. Sequence of structures in fine-grained turbidites: Comparison of recent deep sea and ancient flysch sediments: Sedimentary Geology, v. 25, p. 23-42.

Stow D A V and Piper D J W, 1984. Deepwater fine-grained sediments: Facies models, in Stow D A V and Piper D J W, eds., Fine-Grained Sediments: Deep-Water Processes and Facies: Geological Society of London, Special Publication 15, p. 611-645.

Stow D A V, 2012. Sedimentary Rocks in the Field: A Color Guide: New York, Academic Press, p. 320.

Sutton R G, 1963. Report to the New York State Geological Survey on the Correlation of the Upper Devonian strata in south-central New York: New York State Geological Survey, Open File # 1x241, p. 130.

Sutton R G and McGhee G R, 1985. The evolution of Frasnian marine "community types" of south-central New York, in Woodrow D L and Sevon W D, eds., The Catskill Delta: Geological Society of America, Special Paper 201, p. 211-224.

Sutton R G, Bowen Z P and McAlester A L, 1970. Marine shelf environments of the Upper Devonian Sonyea Group of New York: Geological Society of America, Bulletin, v. 81, p. 2975-2992.

Taylor A M and Goldring R, 1993. Description and analysis of bioturbation and ichnofabric: Geological Society of London, Journal v. 150, p. 141-148.

Taylor K G and Macquaker J H S, 2014. Diagenetic alterations in a silt- and clay-rich mudstone succession: an example from the Upper Cretaceous Mancos Shale of Utah, USA: Clay Minerals, v. 49, p. 245-259.

Taylor G H, Teichmuller M, Davis A, et al., 1998, Organic petrology: Gebruder Borntraeger, p. 704.

Taylor S P, Sellwood B W, Gallois R W, et al., 2001, A sequence stratigraphy of the Kimmeridgian and Bolonian stages (late Jurassic): Wessex-Weald Basin, southern England: Geological Society of London, Journal, v. 158, p. 179-192.

Thayer C W, Bordeaux Y L and Brett C E, 1990. Escalating bioturbation in the Devonian: Global precursor to the Mesozoic?: Geological Society of America, Abstracts with Programs, v. 22, no. 7, p. A357.

Tourtelot H A, 1960. Origin and use of the word "Shale": American Journal of Science, v. 258A, p. 335-343.

Trefethen J M, 1950. Classification of sediments: American Journal of Science, v. 248, p. 55-62.

Tyrrell T, 1999. The relative influences of nitrogen and phosphorus on oceanic primary production: Nature, v. 400, p. 525-531.

Tyson R V, 1995. Sedimentary Organic Matter: Organic Facies and Palynofacies: Chapman Hall, London, p. 615.

Tyson R V, 2005. The "Productivity versus Preservation" controversy: cause, flaws, and resolution, in N. Harris ed., The Deposition of Organic-Carbon-Rich Sediments: Models, Mechanisms, and Consequences: SEPM, Special Publication No. 82, p. 17-33.

Tyson R V and Pearson T H, 1991. Modern and ancient continental shelf anoxia: an overview, in Tyson R V and Pearson T H, eds., Modern and Ancient Continental Shelf Anoxia: Geological

Society of London, Special Publication 58, p. 1-24.

Tyson R V, Wilson R C L and Downie C, 1979. A stratified water column environmental model for the Kimmeridge Clay: Nature, v. 277, p. 377-380.

Vail P R, 1975. Eustatic cycles from seismic data for global stratigraphic analysis (abstract): American Association of Petroleum Geologists, Bulletin, v. 59, p. 2198-2199.

Vail P R, Mitchum Jr R M, Thompson III S, 1977a. Seismic stratigraphy and global changes of sea level. Part 3: relative changes of sea level from coastal onlap, in Payton C E, ed., Seismic Stratigraphy-Applications to Hydrocarbon Exploration, American Association of Petroleum Geologists, Memoir, v. 26, p. 63-81.

Vail P R, Mitchum Jr R M, et al., 1977b. Seismic stratigraphy and global changes of sea level, in Payton C E, ed., Seismic Stratigraphy-Applications to Hydrocarbon Exploration, American Association of Petroleum Geologists, Memoir, v. 26, p. 83-97.

Vail P R, Todd R G and Sangree J B, 1977c. Seismic stratigraphy and global changes of sea level, part 5: chronostratigraphic significance of seismic reflections, in Payton C E, ed., Seismic Stratigraphy-Applications to Hydrocarbon Exploration, American Association of Petroleum Geologists, Memoir, v. 26, p. 99-116.

Vail P R, Audemard F, Bowman S A, et al., 1991., The stratigraphic signatures of tectonics, eustasy and sedimentology-an overview, in Einsele, G., Ricken, W, Seilacher A, eds., Cycles and Events in Stratigraphy. Springer-Verlag, p. 617-659.

Van Dongen B E, Schouten S and Sinninghe Damste J S, 2006. Preservation of carbohydrates through sulfurization in a Jurassic euxinic shelf sea: examination of the Blackstone Band TOC cycle in the Kimmeridge Clay Formation, UK: Organic Geochemistry, v. 37, p. 1052-1073.

Van Kaam Peters H M E, Schouten S, Koster J, et al., 1998, Controls on the molecular and carbon isotopic composition of organic matter deposited in a Kimmeridgian euxinic shelf sea: Evidence for preservation of carbohydrates through sulfurization: Geochimica et Cosmochimica Acta, v. 62, p. 3259-3283.

Van Tassell J, 1994. Cyclic deposition of the Devonian Catskill delta of the Appalachians, USA., in de Boer P L and Smith D G, eds., Orbital Forcing and Cyclic Sequences: International Association of Sedimentologists, Special Publication 19, p. 395-411.

Van Wagoner J C, Posamentier H W, Mitchum R M, et al., 1988. An overview of the fundamentals of sequence stratigraphy and key definitions, in C K Wilgus et al., editors., Sea-level changes: an integrated approach: SEPM Special Publication v. 42, p. 39-46.

Van Wagoner J C, Mitchum Jr R M, Campion K M, et al., 1990. Siliciclastic sequence stratigraphy in well logs, core, and outcrops: concepts for highresolution correlation of time and facies: American Association of Petroleum Geologists, Methods in Exploration Series, v. 7, p. 55.

Walker R G, 1979. Shallow marine sands, in Walker R G, ed., Facies Models: Geoscience Canada, Reprint Series 1, p.75-89.

Walker R G and Sutton R G, 1967. Quantitative analysis of turbidites in the Upper Devonian Sonyea Group, New York: Journal of Sedimentary Petrology, v. 37, p. 1012-1022.

Walker R G and Harms, 1971. The Catskill Delta: prograding muddy shoreline in central Pennsylvania: Journal of Geology, v. 79, p. 381-399.

Waterhouse H K, 1995. High-resolution palynofacies investigation of Kimmeridgian sedimentary cycles, in House M R and Gale A S, eds, Orbital Forcing Timescales and Cyclostratigraphy; Geological Society of London Special Publication, v 85, p. 75-114.

Wedepohl K H, 1971. Environmental influences on the chemical composition of shales and clays: Physics and Chemistry of the Earth, v. 8, p. 307-333.

Weedon G P, Jenkyns H C, Coe A L et al. , 1999, Astronomical calibration of the Jurassic timescalefrom cyclostratigraphy in British mudrock formations: Philosophical Transactions of the Royal Society of London, Series A. v. 357, p. 1787-1813.

Wetzel A, 1991. Stratification in black shales: Depositional models and timing—an overview, in Einsele G, Ricken W and Seilacher A, eds. , Cycles and Events in Stratigraphy: Berlin, Springer-Verlag, p. 508-523.

Whittaker A, 1985. Atlas of Onshore Sedimentary Basins in England and Wales: Post Carboniferous Tectonics and Stratigraphy. Glasgow: Blackie, 27 maps.

Wignall P B and Hallam A, 1991. Biofacies, stratigraphic distribution and depositional models of British onshore Jurassic black shales, in Tyson R V and Pearson T H, eds. , Modern and Ancient Continental Shelf Anoxia: Geological Society of London, Special Publication 58, p. 291-309.

Wignall P B and Newton R, 1998. Pyrite framboid diameter as a measure of oxygen deficiency in ancient mudrocks: American Journal of Science, v. 298, p. 537-552.

Wilkin R T and Barnes H L, 1997. Pyrite formation in an anoxic estuarine basin: American Journal of Science, v. 297, p. 620-650.

Williams L A, 1982. Lithology of the Monterey Formation (Miocene) in the San Joaquin Valley of California: inWilliams L A and Graham S A, eds. , Monterey Formation and associated coarse clastic rocks, central San Joaquin basin, California: Pacific Section SEPM, Publication 25, p. 17-36.

Williams C J, Hesselbo S P, Jenkyns H C, et al. , 2001. Quartz silt in mudrocks as a key to sequence stratigraphy (Kimmeridge Clay Formation, Late Jurassic, Wessex Basin, UK): Terra Nova, v. 13, p. 449-455.

Woodrow D L, 1985. Paleogeography, paleoclimate, and sedimentary processes of the Late Devonian Catskill Delta, in Woodrow D L and Sevon W D, eds. , The Catskill Delta: Geological Society of America, Special Paper 201, p. 51-63.

Woodrow D L, Dennison J M, Ettensohn F R, et al. , 1988, Middle and Upper Devonian stratigraphy and paleogeography of the central and southern Appalachians and eastern Midcontinent, U. S. A. , in McMillan N J, Embry A F and Glass D J, eds. , Devonian of the World, Proceedings of the Second International Symposium on the Devonian System, Volume 1, Regional Syntheses: Canadian Society of Petroleum Geologists, Memoir 14, p. 277-301.

Wright L D and Friedrichs C T, 2006. Gravity-driven sediment transport on continental shelves: A Status Report: Continental Shelf Research, v. 26, p. 2092-2017.

Zelt F B, 1985. Natural gamma-ray spectrometry, lithofacies, and depositional environments of selected upper Cretaceous marine mudrocks, Western United States, including Tropic Shale and Tununk member of Mancos Shale: Ph. D. dissertation, Princeton University, Princeton, New Jersey, p. 301.

Ziegler P A, 1990. Geological atlas of western and central Europe: Shell International Petroleum Maatschappij B V, 2nd ed. , p. 239.

Ziegler W and Sandberg C A, 1990. The Late Devonian standard conodont zonation: Courier Forschungs-Institut Senckenberg, v. 121, p. 115.